El modelo estándar de partículas

Marzo-2016

Un paseo por el COSMOS

El modelo estándar de partículas

Los pilares de la materia

RBA

Imagen de cubierta: Rastros dejados por los diferentes tipos de partículas al atravesar un medio de hidrógeno líquido.

Dirección científica de la colección: Manuel Lozano Leyva

Realización: EDITEC

Diseño cubierta: Llorenç Martí

Diseño interior: tactilestudio

Infografías: Joan Pejoan

Fotografías: Archivo RBA: 24i, 24d, 60d, 101a; BEBC/CERN: portada; CERN: 132-133, 135, 150-151; Departamento de Energía del Gobierno de Estados Unidos: 97; Fermilab, Reidar Hahn: 101b; Wellcome Images: 60i.

ISBN: 978-84-473-8381-8
Depósito legal: B-2352-2016

Impreso y encuadernado en Rodesa, Villatuerta (Navarra)

Impreso en España - *Printed in Spain*

SUMARIO

INTRODUCCIÓN

En este libro se presenta el *modelo estándar de las interacciones fundamentales* (ME) a través del progreso en las teorías y experimentos que, a lo largo de casi cien años, culminaron en su establecimiento. La ciencia acompaña normalmente a la vanguardia de la tecnología, de la que se vale para observar lo que antes era inalcanzable. Si establecemos una analogía con los descubrimientos geográficos, a América se llegó cuando las técnicas de navegación evolucionaron lo suficiente para permitir disponer de embarcaciones capaces de navegar mar adentro, así como de métodos de orientación y de cartografía adecuados para establecer una ruta a través del Atlántico. Del mismo modo, la primera partícula elemental, el electrón, se descubrió a finales del siglo XIX, cuando el electromagnetismo permitió estudiar fenómenos a escala atómica. A partir de entonces, el descubrimiento de nuevas partículas ha ido de la mano del progreso tecnológico y científico. Hoy en día, el modelo estándar es nuestro punto de referencia para el análisis de la física de partículas, al igual que a comienzos del siglo XX lo fue el electromagnetismo. Los experimentos punteros, como el LHC *(Large Hadron Collider)* del CERN, exploran nueva física a partir de señales interpretadas con las partículas e interacciones del modelo estándar.

La descripción del modelo estándar nos llevará a un fascinante viaje a través del desarrollo de la física moderna, en el que también podremos entender cuáles son los retos actuales a los que esta se enfrenta. Nuestro camino empieza con el descubrimiento de la primera partícula elemental inscrita en el modelo estándar: el *electrón*. La percepción de la materia como algo discontinuo, formado por unidades elementales o átomos, había permitido explicar no solo las reacciones químicas sino también las propiedades de los gases. Incluso, con el llamado *número de Avogadro* se podía saber cuántos átomos hay en una determinada cantidad de materia. Mientras tanto, el electromagnetismo no precisaba el origen de la carga eléctrica, aun cuando había proporcionado la tecnología para iluminar las ciudades. Su incorporación en las técnicas experimentales permitió especular sobre la estructura atómica e imaginar los átomos como entidades neutras formadas por dos tipos de carga. J.P. Thomson consiguió identificar la carga negativa como la portada por una partícula a la que llamó electrón y de la que estableció su relación carga/masa. Así pues, el electrón sería la primera partícula elemental descubierta. La posterior determinación de su carga (Millikan, 1922) permitió conocer su masa, la cual tiene un valor tan pequeño que cuesta imaginar que pudiera ser medido.

Un hito fundamental en la investigación del átomo fue el descubrimiento de la radiactividad. La radiación proporcionó a la experimentación proyectiles del tamaño adecuado para llegar a la estructura atómica. Así, Rutherford consiguió establecer un modelo atómico en el que la carga positiva se situaba en un diminuto núcleo muy masivo, mientras que la negativa ocupaba una corteza muy poco densa. A pesar de que Rutherford había identificado el protón a partir del átomo de hidrógeno y por su relación carga/masa, y aunque se sabía que era 1 836 veces más pesado que el electrón, la masa del núcleo no coincidía con la de su número de protones (excepto en el hidrógeno). El protón no figura entre las partículas elementales pero, sin embargo, los tres tipos de radiación, alfa, beta y gamma, se explican por las tres interacciones contenidas en el modelo estándar: la fuerte (para la alfa), la débil (para la beta) y la electromagnética (para la gamma).

La hipótesis de cuantización de Planck permitió a Einstein explicar el efecto fotoeléctrico asignando a la radiación electromagnética las propiedades de una partícula: el fotón. Este fue el primero de los bosones del modelo estándar y el responsable de la interacción electromagnética. Bohr utilizó la misma hipótesis para explicar la estabilidad de los átomos al suponer que solo había un número discreto de órbitas en las que el electrón no absorbe ni emite energía, ya que, según el electromagnetismo clásico, un sistema de dos cargas girando una en torno a la otra produciría una emisión continua de radiación y no sería estable. En el caso del hidrógeno, la cuantización de las órbitas explicaba con éxito la discontinuidad de la radiación emitida, y el estudio detallado de las líneas espectrales introducía una propiedad más de carácter puramente cuántico: el *espín*. El espín sirve para clasificar las partículas, dividiéndolas en bosones o fermiones, según sea este un múltiplo entero o semientero de h (la constante de Planck): el fotón, de espín 1, es un bosón, mientras que el electrón, de espín 1/2, es un fermión.

El desarrollo de la teoría de la relatividad fue decisivo para comprender las reacciones nucleares. En las reacciones químicas, la conservación de la masa no se había cuestionado; sin embargo, en las reacciones nucleares la emisión de energía es mucho mayor, y la relación entre la masa y la energía de la teoría de Einstein ($E = mc^2$) debía ser tenida en cuenta en el balance energético. Considerando únicamente el protón y el electrón resultaría muy difícil explicar las reacciones nucleares, pues para conservar la energía era precisa una partícula neutra de masa similar a la del protón y espín 1/2. Esta fue descubierta por Chadwick en 1932, y se la denominó *neutrón*. Mediante el protón, el neutrón y el electrón, se entiende la estructura del átomo y se explican las reacciones nucleares, excepto la desintegración beta. Por otro lado, las formulaciones de la mecánica cuántica de Schrödinger y Heisenberg sirven para sistemas con velocidades moderadas (pequeñas, comparadas con la velocidad de la luz), tales como las de las partículas en los átomos, pero no para partículas con velocidades relativistas (próximas a la velocidad de la luz). Dirac, en 1928, formuló una ecuación que explicaba las propiedades de los fermiones en el régimen relativista, postulándose además que por cada fermión se supone la existencia de un antifermión, con idéntica masa pero con carga opuesta. Con ello se planteaba la existencia de una antipartícula del electrón, identificada en rayos cósmicos en 1932 por C. Anderson, a la que se denominó *positrón*. Este es uno de los ejemplos en los que la solución del problema precedía a su planteamiento, y no será el último que se nos presentará.

Hallados los componentes elementales del átomo, ¿qué nos hace pensar en otras partículas? Varias razones. En la desintegración beta estaba claro que los electrones salían del núcleo atómico, y no de la corteza donde se sitúa la carga negativa del átomo. Fermi, en 1934, la explicó como la conversión de un neutrón en un protón con la emisión de un electrón del núcleo; la no conservación del momento hizo postular a Pauli la existencia de una partícula desconocida, referida como *neutrino*, con espín 1/2 y una masa tan pequeña que le hizo pensar que nunca sería descubierta. Sin embargo, lo fue en 1953. Con los rayos cósmicos llegó una partícula con las mismas propiedades que las del electrón, pero mucho más pesada: el muon, descubierto en 1932. Hoy sabemos que esta partícula apareció «invitada» por la teoría de la relatividad, ya que su vida media es tan corta (2,2 millonésimas de segundo) que se desintegraría en la alta atmósfera, si no fuese porque desde el laboratorio terrestre es observada moviéndose a velocidades próximas a la de la luz, con lo que su vida media, medida en nuestro reloj, es varias veces superior a la que le corresponde en reposo.

Las partículas elementales podían ser producidas y aisladas fuera del átomo. El problema entonces (y aún ahora) era alcanzar la energía a la que pudiesen ser estudiadas. Los rayos cósmicos fueron durante mucho tiempo la única fuente de partículas elementales, y gracias a ellos se observaron partículas que no podían ser identificadas como atómicas (muones, piones…). Sin embargo, la detección y la energía de un rayo cósmico son por naturaleza aleatorias. En cambio, los aceleradores de partículas permiten la producción masiva y controlada que requiere el estudio de las propiedades de cada partícula. Cuando estos alcanzaron energías en torno a 1 GeV/c^2 en la década de 1950 se observó tal número de partículas que no se sabía cómo clasificarlas. Por otro lado, la física había avanzado lo suficiente para combinar la cuantización de los fermiones de Dirac con la del campo electromagnético, a fin de formular la teoría más precisa de la física: la electrodinámica cuántica.

Hasta principios de la década de 1960, se intentaba buscar relaciones en un listado de partículas con denominaciones basadas en el griego clásico: leptones (ligeras) y hadrones (densas); los leptones incluyen al electrón mientras que los hadrones se dividen en bariones (pesados) de espín 1/2 y mesones (medios) de espín entero. Hubo intentos de considerar elementales todas ellas y buscar simetrías que relacionasen unas con otras; sin embargo, el modelo de quarks introducido por Gell-Mann y Zweig (1964) dejaba únicamente a los leptones, como el electrón y el neutrino, como elementales, mientras que los hadrones estarían formados por quarks: los mesones por dos y los bariones por tres. Con dos quarks, el up (u, con carga 2/3) y el down (d, con carga −1/3), se formaría un protón, de carga +1 (uud), y un neutrón, de carga 0 (udd). Los mesones estarían formados por parejas quark-antiquark, lo que explica su carga entera. De un modo análogo a la electrodinámica cuántica, que explicaba la interacción electromagnética mediante cargas eléctricas y fotones, la teoría del color o cromodinámica cuántica explicaría la interacción fuerte entre los quarks, atribuyéndoles una carga adicional, llamada *color*, y unos bosones denominados *gluones*.

Una teoría similar fue introducida independientemente por Glashow, Weinberg y Salam para explicar la interacción débil. En este modelo habría nuevos bosones, W^+, W^+, Z^0, que interactuarían con parejas de quarks o de leptones. La desintegración débil se explicaba mediante el intercambio de un bosón W entre una pareja de quarks y otra leptón-neutrino, mientras que el intercambio del bosón Z^0 predecía la interacción de las corrientes débiles neutras, descubiertas en 1973.

Hubiera sido deseable incorporar la gravedad en el modelo de las partículas, con fermiones y bosones que explicaran la fuerza gravitatoria, pero no se ha conseguido. Por tanto, no está contenida en el modelo estándar. De este modo, las interacciones conocidas son las tres de este modelo y la gravedad. La aparición de las masas de las partículas se explica mediante la interacción con un bosón (el llamado *bosón de Higgs*), el cual es a su vez responsable de la rotura de la simetría electrodébil, haciendo que la interacción débil sea de corto alcance por estar mediada por bosones muy pesados (los W y el Z^0), mientras que la electromagnética es de largo alcance, porque es mediada por el fotón, cuya masa es estrictamente nula.

Con el establecimiento del modelo estándar, la teoría volvió a anteponerse al experimento prediciendo partículas que deberían aparecer al aumentar la energía de experimentación de los aceleradores de partículas. Así, en 1983 fueron observados los bosones W y Z^0, en el CERN, en Suiza. El más pesado de los quarks, el top, se encontró diez años después en el Fermilab, Estados Unidos, y ha habido que esperar hasta el funcionamiento del LHC para encontrar el bosón de Higgs (2012), de nuevo en el CERN.

Actualmente, la física busca solución a problemas que no tienen cabida en el modelo estándar. Uno de ellos es el de la masa de los neutrinos, que en el modelo estándar es nula. Sin embargo, para explicar las observaciones de neutrinos es preciso dotarlos de masas diminutas. Por otro lado, los avances de la cosmología parecen indicar la existencia de la llamada *materia oscura*, la cual estaría compuesta por partículas neutras, pesadas y débilmente interactuantes para las que el modelo estándar no dispone de ningún candidato. Aun así, el éxito del modelo estándar es tan indiscutible que si se descubriera una teoría más general, esta debería incluirlo como su aproximación de baja energía. En la actualidad, la física de partículas dedica sus esfuerzos a la búsqueda de esta nueva teoría.

CAPÍTULO 1

De los átomos indivisibles al núcleo atómico y el electrón

Durante el siglo XIX la química consiguió establecer que todas las sustancias están formadas por menos de un centenar de átomos diferentes. A finales del siglo la física concluyó que esos átomos no son indivisibles, sino que están construidos por «bloques» fundamentales. El primero en ser identificado fue el electrón.

Las primeras teorías de partículas son sin duda los modelos atómicos. Estos postulan que la materia está formada por unas unidades elementales microscópicas, cuyas propiedades explicarían la naturaleza de toda la materia. Los primeros modelos atómicos con fundamento empírico aparecieron a principios del siglo XIX, cuando la química había avanzado lo suficiente como para establecer que todas las sustancias son compuestos de menos de un centenar de elementos puros. Sin embargo, fue el desarrollo del *electromagnetismo* lo que permitió descubrir el *electrón* y clasificarlo con éxito como un componente común a todos los átomos. El electrón es el primero de los bloques del *modelo estándar*, y la *electromagnética*, una de las interacciones fundamentales. El descubrimiento de la *radiactividad* natural permitió llegar más lejos en la estructura de la materia, con el sorprendente hallazgo del núcleo atómico y la identificación del *protón* como portador de la carga positiva. Sin embargo, el estudio de las fuerzas nucleares requiere la introducción de nuevas teorías que expliquen la *interacción nuclear*, la cual no puede entenderse con las leyes de la física clásica. El *modelo estándar de las interacciones fundamentales* (ME) es la teoría aceptada en la actualidad para explicar la estructura de la materia. Para llegar a su formulación actual se ha recorrido un largo camino, donde lo que ha cambiado es, sobre todo, el concepto de lo que entendemos por materia y cómo lo percibimos.

EL ÁTOMO ANTES DEL ELECTROMAGNETISMO

El primer paso en la teoría de partículas es precisamente el suponer que la materia es discontinua, es decir, que una porción de una sustancia es un agregado de un gran número de unidades elementales a las que llegaríamos dividiendo sucesivamente la cantidad inicial. Las primeras teorías atómicas se atribuyen a los filósofos griegos del siglo v a.C., cuyo problema era explicar la naturaleza y sus cambios. En concreto, se considera pionero de la teoría atómica al filósofo Demócrito de Abdera (ca. 460 a.C.-ca. 370 a.C.), por ser aquel cuya obra ha llegado hasta nuestros días. El problema de los filósofos naturalistas de la época de Demócrito era: «¿Por qué si la naturaleza está en continuo cambio, sigue existiendo y no acaba?». Su modelo atómico da respuesta a esa pregunta: la materia está hecha de átomos indivisibles e indestructibles cuyas combinaciones explican sus cambios y a su vez su permanencia. En su teoría de «partículas elementales» los bloques serían átomos indestructibles intercalados por espacios vacíos. El concepto de átomo que maneja esta teoría (sin entrar en la distinción entre átomo y molécula) es básicamente el mismo que en la actualidad: la unidad mínima de una sustancia; además, supone que los átomos de una misma sustancia son todos iguales, sólidos e indivisibles. La forma y propiedades que les atribuye se basan en las cualidades de la materia tal y como la perciben nuestros sentidos: los sólidos están formados por átomos pequeños y puntiagudos, los líquidos por átomos grandes y esféricos, los aceites por átomos delgados y resbaladizos.

La teoría atómica permaneció dentro del ámbito filosófico, sin ningún problema que la despertase, hasta que el desarrollo de la química en el siglo XIX volvió a plantear cómo deberían ser los átomos para explicar sus leyes. Para entonces ya se habían identificado muchos elementos puros y sus combinaciones, y además se habían establecido algunas de las leyes básicas de las reacciones químicas. La *ley de conservación de la masa* (postulada en 1785 por Antoine Lavoisier), según la cual la masa consumida de los reactivos es la misma que la masa obtenida de los productos, corrobora la percepción del átomo como unidad indestructible, mientras que las leyes que establecen que los reactivos en las reacciones químicas mantienen siempre las mismas proporciones (*ley de las proporciones simples*, por Joseph Louis Proust, en 1799, y *ley de las proporciones múltiples*, por John Dalton, en 1808) parecen indicar que los átomos son los bloques que se combinan en la reacción química para transformar unas sustancias en otras.

John Dalton, de cuyo nombre también deriva la palabra *daltonismo* por sus estudios sobre dicha patología que él mismo padeció, propuso un modelo atómico que constituye una «teoría de partículas elementales» para explicar las propiedades de la materia. Aunque el modelo de Demócrito también era una teoría para explicar el continuo cambio de las cosas, el de Dalton fue el primero basado en datos empíricos. Este modelo se basa en cinco principios:

1. La materia está formada por átomos que son indivisibles e indestructibles.

2. Los átomos de un mismo elemento son idénticos en masa y propiedades.

3. Los compuestos químicos se forman por combinación de dos o más tipos de átomos cuyas proporciones guardan relaciones numéricas sencillas. Los «átomos» de un determinado compuesto son, a su vez, idénticos en masa y propiedades.

4. Una reacción química es una reagrupación de átomos.

5. Los átomos no pueden crearse ni dividirse ni destruirse.

Según el modelo atómico de Dalton, los pesos atómicos de un elemento se pueden referir al más ligero, el hidrógeno. Sin embargo, no tiene en cuenta la posible agrupación de átomos del mismo tipo, como ocurre por ejemplo en los gases que se presentan en forma de moléculas diatómicas, lo que le lleva a formular el agua como HO, en lugar de como H_2O. El concepto de molécula fue introducido en 1811 por Amedeo Avogadro como el elemento constituyente de los gases. Su teoría molecular se basa en dos principios:

1. Todos los gases en las mismas condiciones de temperatura y presión contienen el mismo número de moléculas.

2. Las moléculas se pueden dividir mediante las reacciones químicas.

Los pesos moleculares de distintos gases se pueden comparar con solo medir su densidad. Por otro lado, la divisibilidad de las moléculas permitiría explicar las proporciones en volumen de hidrógeno y oxígeno en agua: dos volúmenes de H_2 se combinan con uno de O_2 para dar lugar a dos de agua. Gracias a este procedimiento consiguió determinar la composición de muchos otros compuestos.

Las hipótesis de Avogadro completan la teoría de Dalton, y con ellas se puede conocer, de modo relativo, el peso de cada átomo y el número de átomos que contiene una determinada porción de materia. Una cantidad de gramos igual al peso atómico de un elemento (un *mol*) debe contener el mismo número de átomos para cualquier sustancia *(número de Avogadro,* N_A*)*, por tanto podemos saber el peso relativo de cada átomo. Para estimar el peso individual se debería conocer el número de Avogadro. Usando métodos mecánico-estadísticos, Johann J. Loschmidt estableció, en 1865, el valor $72 \cdot 10^{23}$ moléculas /mol que, aunque no muy preciso, es una buena indicación de las magnitudes atómicas (a principios del siglo XX, el cómputo directo de cargas eléctricas posibilitaría a Robert Millikan, en 1910, establecer un valor muy parecido al actual de $N_A = 6{,}023 \cdot 10^{23}$ moléculas/mol). Esos números son tan grandes que sería difícil imaginar tal cantidad de objetos de nuestro entorno. Por ejemplo, un mol de hidrógeno atómico pesaría un 1 g y, si colocásemos todos sus átomos en línea recta a 1 cm de distancia, llegaríamos de un extremo al otro del universo.

> **Creemos que existe el color, creemos que existe lo dulce, creemos que existe lo amargo, pero en realidad existen átomos y un vacío.**
>
> **Demócrito**

El peso es un concepto extrapolado de las cantidades de reactivos que intervienen en una reacción química. Sin embargo, como las reacciones químicas se producen átomo por átomo, se puede establecer el peso relativo de los átomos individuales: el más ligero es el hidrógeno y los demás se pueden medir comparándolos con este. Así, el oxígeno es 16 veces más pesado; el carbono, 12…

La organización de los elementos por pesos atómicos es el origen de la *tabla periódica de Mendeléyev* (1869), en la cual se observa que el orden por pesos atómicos lleva consigo una organización que agrupa a los elementos con características comunes. Hoy sabemos que las propiedades químicas de un elemento están determinadas por su número atómico, que se relaciona con el número de cargas positivas o negativas que contiene, y que para un mismo elemento pueden haber varios *isótopos* o átomos con distinto peso atómico, por lo que la afirmación de que todos los átomos de un mismo elemento son iguales debe ser matizada. Sin embargo, las propiedades químicas de las sustancias que nos rodean parecen corroborar la idea de que los átomos son los bloques fundamentales de su composición/estructura.

Como hemos visto, la idea de la materia formada por átomos indestructibles podía explicar las propiedades de las sustancias que nos rodean. Por muy distintos que los átomos puedan ser unos de otros, la química del siglo XIX no ofrecía ninguna evidencia experimental que indicase que estos tuvieran una estructura integrada por bloques más fundamentales (por ejemplo, una que permitiese que unos elementos se convirtiesen en otros, como soñaban los alquimistas).

CARGA ELÉCTRICA EN LA MATERIA: EL DESCUBRIMIENTO DEL ELECTRÓN

El siguiente paso en la composición de la materia procede del electromagnetismo, cuando Joseph John Thomson identificó a finales del siglo XIX a los portadores elementales de la carga eléctrica, a los que buscó un lugar en los átomos, rompiendo así con la idea de su indivisibilidad.

Durante el siglo XIX, la teoría electromagnética avanzó muy deprisa, hasta quedar completamente formulada con las ecuaciones de James Clerk Maxwell, hacia 1862. Desde el lado práctico, sus aplicaciones cambiarían rápidamente el concepto de comunicación e incluso de vida urbana. Ejemplos de ello son: el telégrafo eléctrico, que comenzó a utilizarse comercialmente hacia 1840, y el fluido eléctrico, que en las últimas décadas del siglo XIX llegó a las ciudades para su uso en alumbrado y transporte público. En el terreno de la investigación, el uso de las técnicas derivadas del electromagnetismo propició el siguiente avance en el conocimiento de los componentes elementales de la materia: el descubrimiento del electrón. La conexión entre la electricidad y el átomo procede del estudio detallado de los tubos de descarga. Inventados en 1857 por el alemán Heinrich Geissler, son los antecesores de nuestros tubos de neón y de los tubos de *rayos catódicos* utilizados por los aparatos de rayos X y los antiguos monitores de televisión. El dispositivo consiste en una ampolla de vidrio cilíndrica con un gas enrarecido (sometido a una presión muy baja) y dos electrodos en su interior. Cuando se aplica una diferencia de potencial, se produce un flujo de corriente en el tubo capaz de ionizar el gas (conseguir átomos cargados eléctricamente debido a un exceso o defecto de electrones) e incluso las paredes del propio tubo, dando origen a una luz visible por fluorescencia del gas. La versión de ese tubo con un vacío más alto se denomina *tubo de Crookes* (figura 1), por ser William Crookes uno de sus desarrolladores entre 1869 y 1875. Con este tubo se producían unos rayos invisibles que se propagaban en línea recta desde el cátodo al ánodo, produciendo fluorescencia al chocar con las paredes del tubo.

FIG. 1

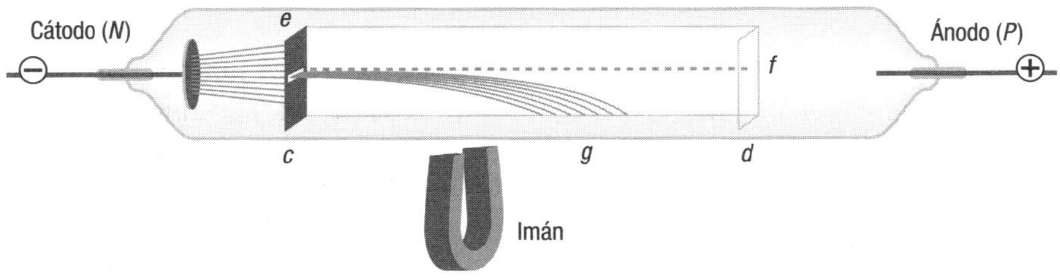

Dibujo de un tubo de Crookes, construido por William Crookes hacia 1879. Contiene gas enrarecido a una presión entre 10^{-6} y 10^{-7} atmósferas. Cuando se aplica una diferencia de potencial de varios miles de voltios entre los electrodos (*N* y *P*) del tubo, se produce un flujo de electrones (rayos catódicos) desde el cátodo (*N*) en dirección al ánodo (*P*). La lámina metálica (*e*) dispone de una rendija que deja pasar un haz fino de rayos hacia el recinto (*c*, *d*). Debajo del tubo, se encuentra un imán de herradura que produce un campo magnético en dirección perpendicular al haz de rayos catódicos, haciendo que este se desvíe hacia la posición (*g*). Cuando se retira el imán los rayos siguen en línea recta, hacia la posición (*f*). Con esto se demuestra que el rayo catódico está formado por partículas cargadas eléctricamente que experimentan la fuerza magnética del mismo modo que una corriente en un hilo conductor.

En el siglo XIX esta radiación invisible era un misterio. Si el tubo se complementa con una pantalla de sulfuro de cinc en su extremo, permite observar la desviación de los rayos en campos eléctricos y magnéticos (lo que ha sido, en esencia, el fundamento de los antiguos tubos de TV). La investigación con tubos de Crookes, como el de la figura 1, permitió a Wilhelm C. Röntgen descubrir los rayos X en 1895; sin embargo, fueron los experimentos de J.J. Thomson, entre 1895 y 1897, los que permitieron concluir que los rayos catódicos estaban formados por partículas materiales cargadas negativamente porque se dirigen del cátodo al ánodo. Thomson aumentó el vacío de un tubo de rayos catódicos y gracias a ello consiguió estudiar con precisión su deflexión en un campo eléctrico y otro magnético. La desviación en el campo magnético indica que los rayos catódicos están formados por partículas cargadas, a las que llamó *electrones* (1897). Además, de la medida del radio de curvatura de su desviación se pudo deducir la razón entre la carga eléctrica y la masa, *e/m, de* dichos rayos; como esta relación era siempre fija, se pudo atribuir a un tipo de partícula: los electrones.

El electrón, según Thomson, emanaba directamente del átomo y constituía un nuevo estado elemental de materia presente en todos los elementos químicos. Thomson elaboró un modelo atómico en el cual los átomos son esferas neutras que contendrían una pasta positiva con una carga igual a la negativa portada por los electrones, que se alojarían en ella a modo de uvas pasas en un pastel. Aunque el modelo atómico de Thomson no tuvo un largo recorrido, podemos considerar que identificó el primero de los bloques del ME.

> **La materia, aunque divisible en grado sumo, no es de todas formas infinitamente divisible. Es decir, debe haber algún punto a partir del cual no podamos continuar con la división de la materia. He elegido la palabra «átomo» para señalar a esas partículas finales.**
>
> **John Dalton**

Mientras que los experimentos de J.J. Thomson identificaban claramente a los portadores de carga negativa de los rayos catódicos y probaban su origen atómico, la identificación del portador elemental de la carga positiva aún se demoraría varias décadas. Los rayos que transportan cargas positivas, denominados *rayos anódicos* o *canales*, fueron descubiertos en 1886 por Eugen Goldstein. Los denominó rayos canales porque podían ser observados en un tubo de Crookes en cuyo cátodo se habían practicado unos orificios o canales de modo que permitiesen el paso de cargas positivas al ánodo. Al igual que en los rayos catódicos, la relación carga/masa de los rayos canales podía medirse mediante su desviación en campos eléctricos y magnéticos (la disposición de ambos campos para medir relaciones entre masas atómicas es el fundamento de un dispositivo denominado *espectrómetro de masa*). Sin embargo, en estos la relación carga/masa no era fija y por ello no podían ser atribuidos a un solo tipo de partícula como los rayos catódicos. También esta relación dependía del tipo de gas contenido en el tubo y su precisa determinación con el espectrógrafo de masa permitió descubrir isótopos de un mismo elemento (átomos del mismo gas con distinta masa y por tanto con distinta relación carga/masa); por ejemplo, en 1913 J.J. Thomson encontró que el neón estaba formado por dos isótopos, el Ne-20 (neón-20) y el Ne-22 (neón-22). Mediante la técnica de rayos canales también se estudió el hidrógeno y se observó que su relación carga/masa era la más pequeña de los gases observados y unas 2000 veces mayor que la del electrón. Aun así los iones de hidrógeno no fueron identificados como bloques constituyentes de otros átomos hasta que la radiactividad fue aplicada con éxito al estudio de la estructura atómica, como veremos más adelante.

LA RADIACTIVIDAD Y EL NÚCLEO ATÓMICO

Anteriormente hemos mencionado que en el gran avance de la química en el siglo xx no se había encontrado ninguna prueba de la conversión de unos elementos en otros como soñaban los alquimistas. Esto habría puesto de manifiesto la divisibilidad de los átomos y sería un indicio de estar compuestos por bloques más elementales, entre los que habría que buscar la carga positiva. Sin embargo, a finales del siglo se descubrió la radiactividad natural, cuyo estudio rompió con la idea de indestructibilidad de los átomos y aportó la clave para llegar a su estructura. La radiactividad fue descubierta en 1896 por Henri Becquerel cuando trabajaba con sales de uranio para estudiar la posible relación entre su fosforescencia y la emisión de los recién descubiertos rayos X. De un modo casual, Becquerel observó que las placas fotográficas aparecían impresionadas en presencia de las sales de uranio aunque estuviesen bien aisladas de la luz. Tras estudiar el fenómeno con varios minerales de uranio (fosforescentes y no fosforescentes) atribuyó el fenómeno a una radiación penetrante que emanaba de los propios átomos. El estudio de los minerales de uranio permitió a Marie Curie y Pierre Curie en el periodo entre 1898 y 1903 descubrir el polonio y el radio, cuya rápida desintegración ponía de manifiesto que los átomos de un elemento se podían descomponer en átomos más ligeros emitiendo radiación en el proceso. Por otro lado, estas radiaciones serían las fuentes de proyectiles apropiados para llegar al interior del átomo e informarnos sobre su estructura. Ernest Rutherford estudió la radiación desde sus orígenes y precisamente

LOS EXPERIMENTOS DE LA LÁMINA DE ORO

Los experimentos realizados en la Universidad de Manchester por Hans Geiger (1882-1945) y Ernest Marsden (1889-1970) entre 1908 y 1913, bajo la dirección de Ernest Rutherford, permitieron a este determinar la distribución de la carga eléctrica en el átomo. Tales experimentos se basaban en el lanzamiento de partículas α procedentes de una fuente conocida sobre una finísima lámina de oro (por lo que también se conocen como experimentos de la lámina de oro), y la observación de la desviación de sus trayectorias en una pantalla de sulfuro de cinc (ZnS), como indica la figura. Es impresionante el hecho de que este experimento requiere contar átomos ¡uno a uno! Esto es posible porque cada desintegración del elemento de la fuente (radio y sus descendientes) produce una partícula α, y como la actividad o número de desintegraciones por segundo del elemento fuente es conocida, se sabe el total de partículas que emana del haz. Las pocas partículas que se desvían son contadas con infinita paciencia por su destello fosforescente al impactar sobre el sulfuro de cinc.

Resultados reveladores

Si las cargas positivas y negativas estuviesen distribuidas en todo el átomo, como asume el modelo de Thomson, las partículas α atravesarían la lámina con una ligera desviación. Sin embargo, se observan desviaciones muy grandes, algunas mayores de 90°, muy difíciles de explicar aun como resultado del paso de la partícula por sucesivos átomos en su camino a través de la lámina. Rutherford atribuyó estas desviaciones a la presencia de un núcleo atómico compacto que contiene la carga positiva y casi toda la masa del átomo. Los electrones se moverían en órbitas alrededor de ese núcleo formando una corteza decenas de miles de veces mayor que este. Así pues, las partículas α pasarían sin desviación a través de átomos casi huecos excepto las pocas que topasen directamente con algún núcleo.

Tanto Joseph John Thomson (izquierda) como Ernest Rutherford hicieron grandes aportaciones a la física del átomo. Sin embargo, en la confrontación entre el modelo atómico del primero y el del segundo, fue este último quien logró aproximarse más a la realidad de la estructura atómica.

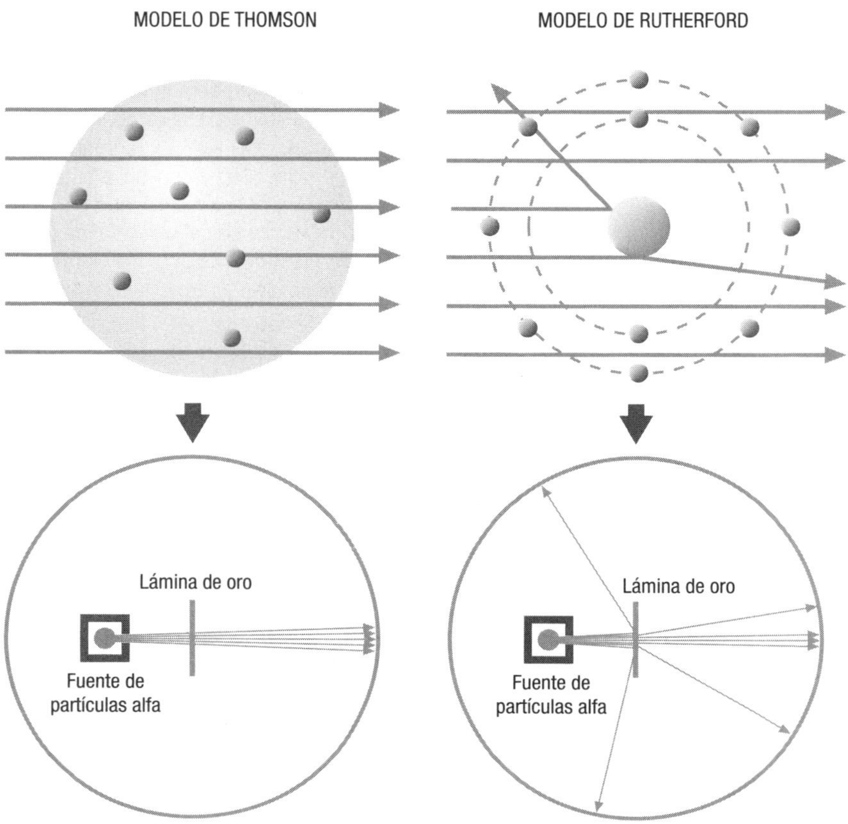

Experimento Geiger-Marsden o de la lámina de oro y el resultado esperado según la teoría atómica de Thomson (izquierda) y la de Rutherford (derecha), que explica el resultado observado. El experimento consiste en lanzar partículas α sobre una lámina de oro muy delgada. La pared del dispositivo está recubierta con sulfuro de cinc, de modo que las partículas dispersadas producen luminiscencia en el punto de impacto. Según el modelo de Thomson, el átomo estaría formado por una «pasta» positiva homogénea, con electrones dispersos (a modo de pastel de pasas), que frenaría las partículas α sin desviarlas.
En cambio, el resultado observado obedece a la dispersión producida por un núcleo duro que contiene la carga positiva.

su aplicación en el estudio del átomo le dio la clave para explicar la estructura atómica (1911), y posteriormente, para identificar los bloques positivos de carga en el átomo o *protones* (1919). Las aportaciones de Rutherford a este proceso le han hecho acreedor del nombre de padre de la física nuclear.

Así, los trabajos de Rutherford entre 1898 y 1899 sirvieron para identificar dos tipos de radiación en las emisiones de los minerales de uranio a las que denominó alfa (α) y beta (β). Ambas están formadas por partículas cargadas. La β es muy penetrante y pronto se estableció su analogía con los rayos catódicos. La α podía ser detenida por una hoja de papel y las partículas que la forman se identificarían años después como iones de helio. Paul Villard, en 1900, identificó un tercer tipo de radiación en las emisiones de los minerales de uranio que consistía en radiación electromagnética muy penetrante a la que posteriormente Rutherford denominó *radiación gamma*, γ. La radiación α proporcionó el proyectil adecuado para llegar a la estructura atómica y con ello descubrir la distribución de carga en los átomos, primer paso para identificar al protón como el bloque elemental portador de la carga positiva.

Rutherford consiguió determinar la distribución de la carga eléctrica en el átomo gracias a la interpretación de los experimentos que Hans Geiger y Ernest Marsden realizaron bajo su dirección entre 1908 y 1913 en la Universidad de Manchester. El modelo confeccionado por Rutherford a raíz de dichos experimentos dejaba patente la existencia de un núcleo atómico compacto, con carga positiva, el cual alberga casi toda la masa del átomo, y a partir de ese hallazgo tenemos que distinguir ya entre física atómica y nuclear. Según este modelo, los electrones giraban en órbitas alrededor del núcleo constituyendo una corteza muchísimo más grande que este. Sin embargo, el modelo de Rutherford no puede explicar satisfactoriamente el movimiento de los electrones en torno al núcleo con las leyes de la mecánica y el electromagnetismo clásico, según las cuales los electrones se mantienen en sus órbitas por la atracción electrostática del núcleo, al igual que los planetas describen órbitas debido a la atracción gravitatoria del Sol. Aunque el núcleo ejerza una fuerza central sobre los electrones, estos no pueden formar órbitas estables ya que, según la teoría electromagnética, emitirían energía en forma de radiación por estar acelerados. Esto resultaría en un progresivo acercamiento al núcleo, y por tanto en un átomo inestable. Este problema sería resuelto posteriormente por Niels Bohr aplicando la teoría cuántica a las órbitas de los electrones para explicar su estabilidad.

La relación entre la carga y la masa del núcleo seguía siendo un puzle muy difícil de resolver, puesto que la pieza que falta, el *neutrón*, no sería descubierto hasta mucho después, en 1932. Rutherford pensaba que la carga del núcleo era aproximadamente la mitad de su masa atómica. Sin embargo, fue Antonius van den Broek el primero en postular que la carga del núcleo se corresponde exactamente con su lugar en la tabla periódica (conocido como *número atómico* y representado por la letra Z) y es igual al número de electrones de su corteza. En 1913, Henry Moseley consiguió demostrarlo gracias a la interpretación de los espectros de emisión de rayos X de varios átomos excitados, es decir, aquellos cuyos electrones no se encuentran en su estado fundamental. La coincidencia del orden de los elementos en la tabla periódica con la carga de su núcleo explica el éxito de la tabla agrupando elementos con similares propiedades, dado que salvo algunas excepciones, como la del níquel y el cobalto, el orden establecido por peso atómico es el mismo que el del incremento de la carga del núcleo. Actualmente, la tabla periódica sigue el orden de la carga nuclear, con lo que el número atómico Z se identifica con el número de electrones de la corteza del átomo o el de la carga de su núcleo. Pero aun conociendo la carga total de un núcleo, la estructura de este es enigmática; el núcleo concentra toda la carga positiva a pesar de que la repulsión electrostática tendería a dispersarla y además la relación con su masa no está determinada, presentándose casos como el de los isótopos de un mismo elemento que incluso teniendo el mismo Z presentan distintas masas.

La identificación de un bloque positivo de carga elemental requiere saber algo más de la estructura del núcleo; las reacciones nucleares darían la respuesta definitiva al problema. El propio

FIG. 2

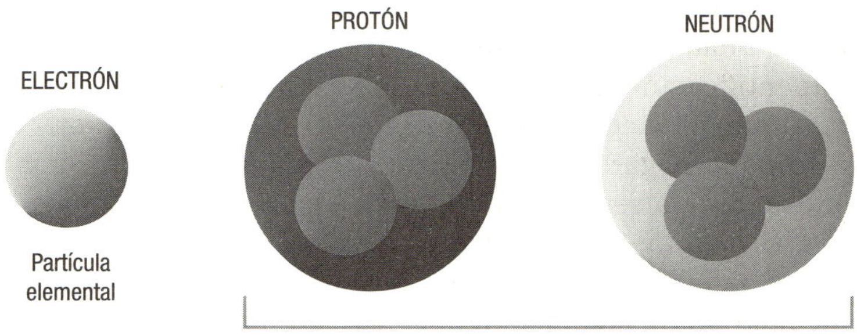

A diferencia del electrón, que está «hecho de una sola pieza», por así decirlo, el protón y el neutrón están hechos de otras partículas.

Rutherford en 1919 consiguió identificar al protón con el núcleo del átomo de hidrógeno al analizar la primera reacción nuclear artificialmente inducida, la producción de oxígeno al bombardear nitrógeno con partículas alfa:

$$^{14}N + \alpha \rightarrow {}^{17}O + p$$

donde los números 14 y 17 son las masas atómicas del nitrógeno y del oxígeno respectivamente. Esta reacción deja claro que, además de las *tierras raras*, los elementos comunes también pueden convertirse unos en otros como soñaron los alquimistas, y que el hidrógeno emanaba del núcleo atómico. Rutherford consideró al núcleo de hidrógeno como un bloque fundamental de la materia y lo denominó *protón*, basándose en la palabra griega *protos*, que significa «primero». Sin embargo, la cantidad de protones necesaria para explicar la carga del núcleo no es suficiente para explicar su masa. Este problema no se resolvería hasta el descubrimiento en 1932 del neutrón, una partícula neutra de masa similar a la del protón, al que acompaña en el núcleo atómico. El protón y el neutrón se denominan en general *nucleones* y su número total se identifica con la masa atómica, denotada como A. Por tanto, un núcleo contiene A nucleones, de los que una cantidad Z son protones, y el resto (A−Z), neutrones.

La identificación de los portadores elementales de carga con el protón y el electrón son una buena referencia de hasta dónde se pudo llegar en la identificación de partículas elementales usando los recursos de la mecánica y el electromagnetismo clásicos. En los sucesivos capítulos veremos cómo nuevas teorías han propiciado el descubrimiento de nuevas partículas e incluso predicho la existencia de otras aun antes de ser descubiertas. Hemos incluido al electrón entre las partículas del modelo estándar, pero sin embargo, los nucleones no pueden considerarse elementales. Si bien el electrón puede estimarse como un bloque (figura 2), el protón y el neutrón precisan de una estructura para poder explicar las fuerzas nucleares y, por consiguiente, la estabilidad del núcleo atómico.

CAPÍTULO 2

Materia e interacciones: fermiones y bosones

La interpretación de la radiación electromagnética abrió las puertas a la mecánica cuántica, lo que permitió comprender la estructura del átomo y el comportamiento de las partículas que lo componen. Una propiedad cuántica, el espín, serviría para distinguir en el modelo estándar las partículas que integran la materia de aquellas asociadas a las interacciones.

El desarrollo del electromagnetismo cambió nuestro concepto de materia, convirtiendo las sustancias que nos rodean en agregados de partículas positivas y negativas. El electromagnetismo supuso una revolución tanto en la industria como en la ciencia. Su conocimiento permitió desarrollar las técnicas experimentales hasta el punto de poder medir cantidades de una pequeñez inimaginable. La formulación de la teoría electromagnética por Maxwell posibilitó el estudio de la radiación electromagnética, lo cual condujo al desarrollo de la mecánica cuántica, y su formulación matemática, a la teoría de la relatividad de Einstein.

Las expresiones matemáticas de las ecuaciones de Maxwell explican las variaciones espacio-temporales de los campos eléctrico y magnético. Las fuentes del campo eléctrico son las cargas eléctricas, mientras que el magnético solo se produce cuando estas están en movimiento. La teoría de Maxwell permite generalizar este concepto de un modo un poco más abstracto, sin que sea preciso mencionar las cargas eléctricas: la variación del campo eléctrico origina un campo magnético y viceversa. Así, los campos eléctricos y magnéticos pueden propagarse en ausencia de cargas en forma de ondas electromagnéticas. Una onda mecánica se produce por una vibración que se propaga, haciendo oscilar las partículas del medio material en el que la perturbación avanza. En el caso del campo electromagnético, la *ecuación de onda* resulta de la combinación de las ecuaciones de Maxwell. Las ondas son oscilaciones sincronizadas de los campos eléctrico y magnético que se propagan a una velocidad igual a la de la luz. Maxwell publicó su trabajo en 1865. Pocos años después, en 1886, Heinrich Hertz lograría producir y recoger estas ondas. No es necesario explicar lo que a corto y largo plazo esto ha significado para nuestras comunicaciones. Sin embargo, es preciso recalcar que la radiación permitió establecer la naturaleza electromagnética de la luz visible, la cual es una pequeña porción del espectro de radiación electromagnética. Las frecuencias pequeñas (longitudes de onda grandes) son la base de nuestras comunicaciones actuales, mientras que la interacción de la radiación de grandes frecuencias con la materia puso de manifiesto la *cuantización* de la energía. Por otro lado, existía el problema de la propagación de las ondas electromagnéticas, para lo cual se pensó en un medio al que se llamó *éter* y que estaría presente en todo el espacio interestelar. En el capítulo próximo hablaremos del éter y de cómo la teoría de la relatividad lo hace innecesario. Por el momento nos centraremos en la cuantización de la energía y sus consecuencias para el modelo estándar, entre las que destacamos la identificación del fotón y el descubrimiento del espín.

LA TEORÍA CUÁNTICA Y EL FOTÓN

El concepto de *cuantificación* de la materia a partir de los átomos es algo intuitivo y pensado desde mucho antes de que el modelo atómico tomase bases científicas. Respecto a la cuantificación de la energía, el problema es diferente. La energía se mide a través de un trabajo que da cuenta de su transformación o paso de un estado a otro. Por ejemplo, hasta el siglo XIX se pensaba que el calor se propagaba por medio de un fluido llamado «calórico» que se introducía en los cuerpos calentándolos. El desarrollo de la *termodinámica*, con el establecimiento del equivalente mecánico térmico por James Prescott Joule en 1840, permitió entender la energía como un concepto general que puede tomar distintas formas. Sin embargo, no había ningún indicio de que la energía se propagase de manera discontinua, es decir, de una manera pulsada emitiendo corpúsculos elementales de energía.

En la primera década del siglo XX seguían abiertos algunos problemas relacionados con la interacción de la radiación con la materia, tales como el de los rayos X y el efecto fotoeléctrico, que las teorías clásicas no conseguían explicar. A estos problemas había que añadir la cuestión abierta de la estabilidad del átomo de Rutherford. Sin embargo, la primera aplicación de la hipótesis de cuantización de la energía aparece en un problema más cotidiano: la explicación de la emisión de radiación luminosa de un cuerpo a medida que aumenta su temperatura. El problema se conoce como el de la *radiación de un cuerpo negro*. El color de un cuerpo incandescente está relacionado con su temperatura; por ejemplo, a medida que se calienta un trozo de hierro, va tomando un color rojo que después se torna de un intenso blanco violeta. Una vez conocida la naturaleza electromagnética de la luz se podía aplicar dicha teoría para buscar la relación entre la frecuencia de la radiación emitida, que determina el color, y la temperatura del cuerpo emisor. Este problema era de gran relevancia en el tiempo en que comenzaban a utilizarse lámparas de incandescencia y se precisaba cuantificar su eficiencia. Por supuesto, para relacionar el color con la temperatura se precisa partir de un patrón de cuerpo negro. Un emisor ideal absorbe toda la radiación que recibe sin reflejar nada. Esto no es fácil, porque cualquier material cotidiano absorbe y emite energía, de modo que es muy difícil separar las frecuencias emitidas de las reflejadas, y además estas dependerían de la forma y la composición del cuerpo. Gustav Kirchhoff fue quien introdujo el nombre de *cuerpo negro*, y hacia 1860 propuso varias ideas de superficies que podrían comportarse como tales. Sin embargo, es muy difícil suprimir la reflexión con una sola superficie. Una buena aproximación de un cuerpo negro sería un recinto de paredes oscuras a modo de horno, tal que la radiación quede atrapada en la cavidad, y en el que a su vez, por una pequeña abertura, sea posible observar la radiación emitida a cada temperatura. El problema estuvo abierto durante varias décadas. Gracias al estudio del espectro de frecuencias de emisión se pudo establecer que para una temperatura determinada el máximo de energía se emite en un intervalo pequeño de frecuencias, es decir, se corresponde con un color determinado. Así se pudo establecer una relación entre el color del cuerpo y su temperatura, como se indica en la figura 1.

Desde el punto de vista teórico, se trató de explicar la radiación del cuerpo mediante la hipótesis de la agitación térmica de las cargas de los átomos que forman las paredes del cuerpo, ya que, según la teoría electromagnética, las cargas aceleradas emiten radiación. Aunque se consiguieron modelos que explican la emisión a bajas y altas frecuencias, un mismo modelo no conseguía explicar ambas situaciones, como sería el caso de una emisión continua. El hecho de que la fórmula produjese valores infinitos a frecuencias altas, contrariamente a la observación experimental como se muestra en la figura 1, molestaba bastante a los estudiosos del tema, y fue denominado «catástrofe ultravioleta». Max Planck consiguió explicar el espectro de emisión en 1900, postulando que los emisores de radiación distribuidos en las paredes del cuerpo negro solo pueden emitir energía de manera pulsada. Con esta hipótesis se explicaba la radiación del cuerpo negro, tanto a bajas como a altas frecuencias, asumiendo que cada emisor solo puede radiar energía en múltiplos de un cuanto fundamental cuyo valor es $h\nu$, donde h es una constante, y ν, la frecuencia de la radiación emitida. Con esta fórmula se podía obtener una expresión para la intensidad de emisión que reproducía la *ley Rayleigh-Jeans* para bajas frecuencias y la de *Wien* para altas frecuencias. Además, gracias a esta ecuación, se pudo determinar el valor de la constante h, a la que se denomina *constante de Planck*.

La hipótesis cuántica de Planck fue aplicada por Einstein para estudiar otra consecuencia de la interacción de la radiación con la materia: el efecto fotoeléctrico, descubierto en 1887, y sin ex-

FIG. 1

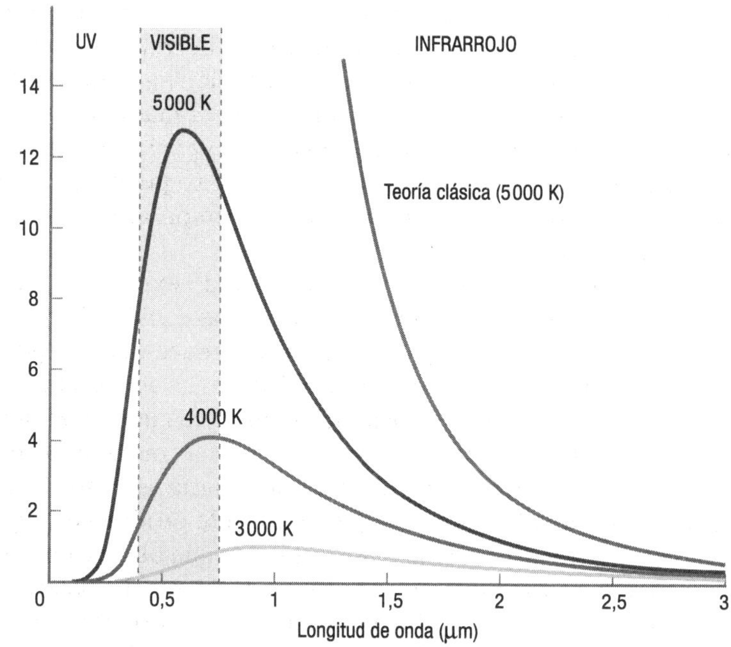

Curvas del cuerpo negro de Planck para varias temperaturas y la comparación con la teoría clásica de Rayleigh-Jeans. La mayoría de los «cuerpos negros» utilizados en experimentos de laboratorio son hornos con una abertura muy pequeña. Una vez que las paredes de la cavidad están en equilibrio térmico a una determinada temperatura, la radiación que se observa por el orificio corresponde, con gran precisión, a la de un emisor ideal.

plicación según el electromagnetismo clásico. La actual producción de energía fotovoltaica se basa en este efecto, consistente en la producción de una corriente eléctrica en ciertos metales al incidir luz sobre ellos. El mecanismo de absorción de la radiación por parte de los electrones y su abandono del metal depende de la frecuencia de la luz incidente y no de su intensidad, lo cual no podía explicarse con el electromagnetismo clásico. Según Einstein, la ondas luminosas estarían formadas por corpúsculos a los que hoy llamamos *fotones* de energía $E=h\nu$. Cada uno de

FIG. 2

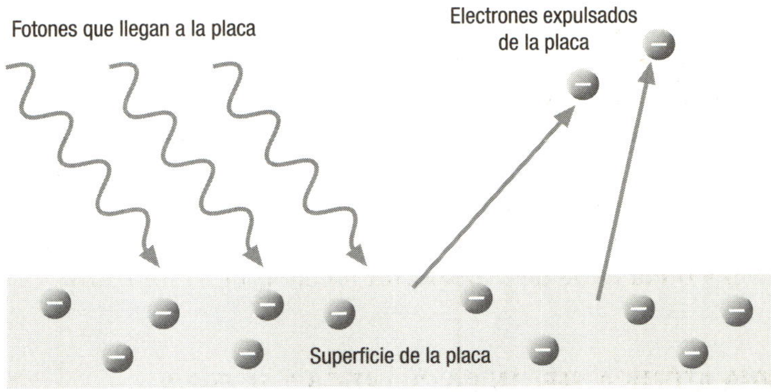

Cuando las condiciones son las adecuadas, los fotones que llegan de una fuente luminosa pueden chocar con electrones de la superficie de una placa (por ejemplo un panel solar), provocando la salida de electrones de dicha placa.

ellos actúa como una partícula que choca mecánicamente con un electrón que abandona la placa metálica cuando la partícula le confiere el momento suficiente (figura 2). De este modo se explica que el efecto fotoeléctrico solo se produzca por encima de una frecuencia umbral, por debajo de la cual los electrones no adquieren la energía suficiente para abandonar la placa. Por otro lado, el análisis de la corriente fotovoltaica permitió a Millikan determinar nuevamente la constante de Planck, obteniendo un valor muy similar al de Max Planck, de modo que sirvió de confirmación independiente de la hipótesis cuántica.

Obsérvese que Einstein se basó en una hipótesis similar a la de Planck, pero con una diferencia notable. Para Planck la cuantización se hacía sobre los emisores que emiten energía como múltiplos de una unidad fundamental $h\nu$, es decir, sus energías podían tomar valores $E=nh\nu$, donde n es un número natural, y la radiación emitida se podía comportar como una onda clásica. En cambio, Einstein asoció el paquete de energía a la radiación emitida en forma de un *cuanto* con $E=h\nu$, y no a sus múltiplos. Este cuanto se comporta como un corpúsculo con propiedades mecánicas de energía y momento. Se postula así el fotón, que es el primer *bosón* del modelo estándar. Aun sin tener masa, el fotón sí tendría momento lineal, y como este se conserva en los choques se podrían explicar otros fenómenos, como la *dispersión Compton* de rayos X o la producción de estos en el frenado *(bremsstrahlung)* de los electrones. Podemos asociar la idea de la naturaleza corpuscular de la luz a su propagación: las energías y el momento de una onda de materia están adscritos al medio en que esta se propaga; si la luz se propaga en el vacío, entonces la propia onda debe de transportar su energía y momento.

TEORÍA ATÓMICA, MECÁNICA CUÁNTICA Y EL ESPÍN DEL ELECTRÓN

Los fenómenos cuánticos habían sido observados al interpretar fenómenos a escala atómica. Parece lógico que se pensase en la hipótesis cuántica para estudiar el problema de la estabilidad del átomo que el modelo planetario de Rutherford deja sin resolver. En sistemas con fuerzas centrales, como el sistema planetario, la estabilidad de una órbita se explica por la conservación de la energía y del momento angular L, el cual es un vector perpendicular al plano de la órbita y su magnitud o módulo es producto de la masa de la partícula que gira por su velocidad y por su distancia al centro de giro: $L = m v r$. Como vimos en el capítulo anterior, cuando aplicamos este modelo al átomo, la atracción del núcleo podría explicar las órbitas del electrón. Sin embargo, mientras que un planeta conserva su energía en la órbita, un electrón sometido a la aceleración centrípeta de la órbita emite radiación electromagnética debido a su carga, lo cual supone pérdida de energía y su progresivo acercamiento al núcleo hasta ser absorbido por este. En 1913 Niels Bohr elaboró un modelo (figura 3) siguiendo las hipótesis de cuantización de Planck y Einstein, que se puede resumir como:

1. El electrón se mueve alrededor del núcleo en órbitas circulares debidas a la atracción electrostática del núcleo. Sin

embargo, solo son estables las órbitas en las que el momento angular L es un múltiplo entero de $h/2\pi$, en las que el electrón no absorbe ni emite energía.

2. Cuando un electrón pasa de una órbita inicial con energía E_i a una órbita final con energía E_f emite un fotón cuya frecuencia es $\nu = (E_f - E_i)/h$.

El primer postulado resuelve con un decreto, irreconciliable con la física clásica, el problema de la estabilidad del átomo. El segundo postulado explica un problema muy estudiado en la época: la emisión discreta de la radiación por parte de los átomos excitados. Esta radiación se emite en frecuencias determinadas y, una vez recogida en placas fotográficas, da lugar a líneas características de cada átomo, conocidas como *espectro atómico*. Desde el punto de vista clásico, el espectro debería de ser continuo. Sin embargo, en átomos como el hidrógeno, varias secuencias de líneas están muy bien establecidas y reciben los nombres de sus descubridores: serie de *Lyman*, de *Paschen*... La hipótesis de Bohr, además de explicarlas, conseguía predecir algunas más que serían observadas después.

El modelo atómico de Bohr fue refinándose progresivamente para encajar la estructura fina de los espectros atómicos. Esta consiste en el desdoble de los niveles de energía del átomo de Bohr en un conjunto de líneas muy delgadas, correspondientes a subniveles de energía muy próximos entre sí. Arnold Sommerfeld interpretó algunas líneas incluyendo los efectos relativistas del movimiento del electrón en su órbita y explicó otras asumiendo que las órbitas podrían ser elípticas. Por otro lado, las órbitas de los electrones son sensibles a los campos magnéticos, lo que explica un nuevo desdoble de las líneas espectrales en átomos sometidos a estos campos, fenómeno conocido como *efecto Zeeman*, en honor a su descubridor. El perfeccionamiento del modelo gracias a un buen número de investigadores dio lugar a un átomo de órbitas cuantizadas cuyas formas y orientación quedaban determinadas por tres números cuánticos: n, número cuántico principal, que se relaciona con la energía del nivel y la

FIG. 3

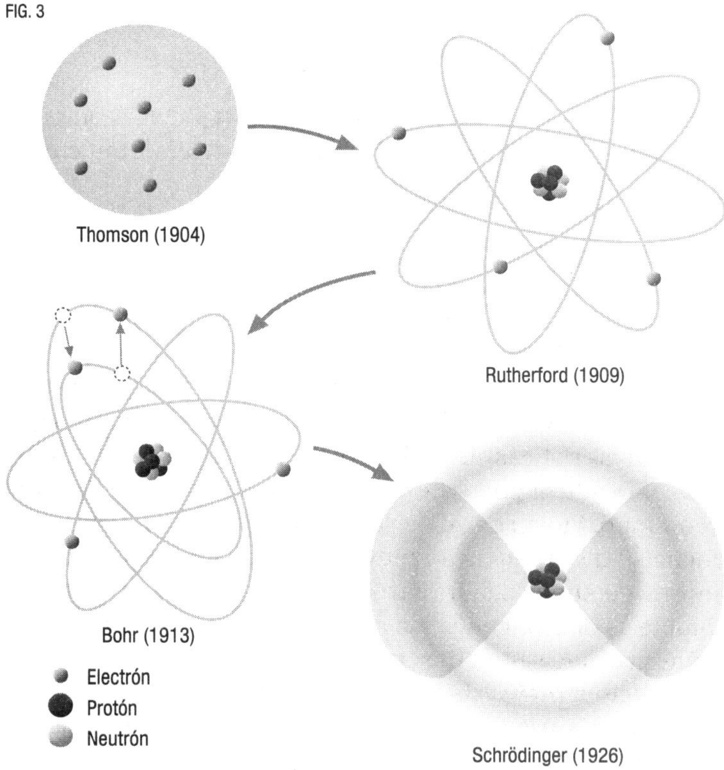

Evolución del modelo atómico. El átomo de Thomson incorpora el descubrimiento del electrón; el de Rutherford, el núcleo atómico; el de Bohr explica la estabilidad de las órbitas de los electrones, estableciendo que estos solo ocupan órbitas específicas caracterizadas por sus niveles energéticos y que pueden saltar de una a otra, y el de Schrödinger identifica los electrones como nubes de probabilidad de presencia de diversas formas en torno al núcleo. Aunque el neutrón aparece representado en tres de los esquemas como un componente del núcleo, no fue identificado hasta 1932.

distancia media entre el electrón y el núcleo; l, número cuántico azimutal, que indica la forma de los orbitales, y m, el número cuántico magnético, que indicaría la orientación de las órbitas. En 1925, Wolfgang Pauli intuyó que cada electrón en un átomo ocupaba un nivel de energía único y que es determinado por un valor único de los números cuánticos. Este postulado, que se conoce como *principio de exclusión*, es fundamental para determinar la estructura de la corteza electrónica de los átomos y, con ello, las propiedades químicas de los elementos. Sin embargo, necesitaba un número más, que se introdujo posteriormente, y al que se llamó *espín*. Los valores que pueden tomar los números cuánticos se resumen en la tabla de abajo.

El espín es una propiedad de los electrones sin equivalente en la física clásica. Fue introducido en 1925 por los físicos Samuel Abraham Goudsmit y George Eugene Uhlenbeck cuando hacían su doctorado. Siguiendo el análogo clásico, imaginaron que el electrón podría girar sobre sí mismo, de manera parecida al movimiento de rotación de los planetas, con lo que adquiriría un momento angular intrínseco. Al nuevo momento angular, al que se denominó *espín* (de la palabra inglesa *spin*, sin un equivalente en español, que designa el giro de un objeto sobre sí mismo), se asocia un número cuántico adicional, el cual puede tomar dos valores iguales y opuestos, según el sentido del giro sea a favor o en contra de las agujas del reloj. Con esta propiedad se explica el *experimento de Stern-Gerlach* (1924) en el que se observaba

Número cuántico	Valores	Significado
Principal, n	1, 2, 3...	Nivel energético
Azimutal, l	Para cada n: 0, 1,..., $n-1$	Distribución espacial de la probabilidad
Magnético, m	Para cada l: entre $-l$ y $+l$	Orientación del orbital
Espín, s	+1/2 y −1/2	Espín del electrón

Números cuánticos que describen el estado de energía de los electrones en la corteza atómica. Postulados con anterioridad a la ecuación de Schrödinger, se corresponden con las soluciones de esta y explican el orden en el que los electrones se disponen en el átomo. Según el principio de exclusión de Pauli, a cada electrón le corresponde un estado de energía, por lo que son necesarios cuatro números cuánticos para asignar a cada electrón su lugar en la corteza atómica. Las semejanzas en la ocupación de los últimos niveles energéticos de los electrones explican las propiedades periódicas de la tabla de los elementos.

el desdoblamiento de un haz de átomos de plata al pasar por un campo magnético no homogéneo. Además, se introducía el número adicional requerido por Pauli para explicar el estado cuántico de cada electrón en el átomo. El espín, sin embargo, no puede asociarse al giro de una partícula cargada sobre sí misma; en el caso del electrón, la velocidad de giro debería ser superior a la de la luz para explicar los valores experimentales. Además, hay otras partículas, como el *neutrino*, que, aun no teniendo carga, presentan un espín igual al del electrón.

El estudio de fenómenos a nivel atómico dejaba claro que las leyes de la física clásica no eran suficientes para explicarlos. Sin embargo, las hipótesis cuánticas tampoco bastaban, puesto que ofrecían reglas sin un fundamento claro. La mecánica cuántica fue la teoría adecuada para encajar estas hipótesis. Esta se basa en el carácter ondulatorio de la materia. De la misma manera que la idea de cuantización se introdujo postulando que las ondas de radiación se comportaban como una partícula, Louis de Broglie postuló que cualquier partícula en movimiento llevaba asociada una onda de longitud $\lambda = h/p$, donde h es la constante de Planck y p, el momento lineal. Para una piedra de unos gramos esta longitud de onda es inapreciable. Sin embargo, partículas como el electrón manifiestan propiedades ondulatorias observables. Muy pronto se comprobó experimentalmente que un haz de electrones se difracta al igual que las ondas luminosas. Curiosamente, uno de los estudiosos del tema fue el hijo de J.J. Thomson, George Paget Thomson, quien recibió el premio Nobel en 1937 junto a Davisson por su trabajo en la difracción de electrones. El físico e historiador de la ciencia Max Jammer comentó que Thomson padre recibió el Nobel por demostrar que el electrón es una partícula y, treinta años después, su hijo recibía el mismo premio por demostrar que el electrón es una onda. Hoy en día la naturaleza ondulatoria de los electrones es la base del microscopio electrónico.

La interpretación de las ondas asociadas a cada partícula llevó a replantearse el sentido de la observación física. Clásicamente, conocemos la trayectoria de un objeto en movimiento conociendo su posición y su velocidad. En cambio, si este objeto se mueve como una onda, la posición y la velocidad aparecen difuminadas. Werner Heisenberg estableció su famoso *principio de incertidumbre* basándose en que la medida de cualquier parámetro físico implica una perturbación del sistema. Por ejemplo, si queremos medir la posición de un objeto macroscópico el error del instrumento puede ser irrelevante respecto del valor de la medida. Sin embargo, en una partícula diminuta su naturaleza ondulatoria limita la precisión en la medida de su posición, la cual no puede ser mayor que la longitud de onda de De Broglie asociada a la partícula. El principio de incertidumbre de Heisenberg, aplicado a una partícula que se mueve en una recta, puede interpretarse como la imposibilidad de medir simultáneamente la posición de la partícula x y su momento lineal p. Los correspondientes errores en la medida simultánea de ambas cantidades, Δx y Δp, verifican la relación: $\Delta x \Delta p \geq h/(4\pi)$. De esta relación se puede concluir que si se pretende medir la posición extremadamente bien, la medida de la velocidad o momento de la partícula será mucho más incierta.

La física clásica tiene un formalismo matemático determinista. Por ejemplo, si sabemos que una partícula está sujeta a la acción de una fuerza, conociendo su posición y su velocidad en un instante podemos dibujar una trayectoria que predice su posición en cualquier momento. En el caso cuántico la situación es diferente, los *observables* pueden tener *valores discretos* y además están localizados en una onda en lugar de en un punto. Por tanto, un sistema como el átomo no se puede concebir como un sistema planetario de órbitas bien definidas. La mecánica cuántica fue formulada en la segunda década del siglo XX. En principio existieron dos desarrollos: el matricial de Heisenberg y el ondulatorio de Schrödinger, aunque pronto se demostró su equivalencia. En el formalismo de Heisenberg los operadores se cuantifican mediante matrices y la evolución del sistema estaría determinada por las transiciones de un elemento a otro. En lugar de una evolución determinista del sistema, el principio de incertidumbre se incorpora a través de reglas de conmutación matricial. Erwin Schrödinger, en cambio, parte de la naturaleza ondulatoria de las partículas, a las que asigna una función de onda; los observables son operadores diferenciales que actúan sobre esta, de modo que cuando se escribe la energía del sistema en función de ellos se forma una ecuación de ondas, que es la famosa *ecuación de Schrödinger*. Aunque una explicación más detallada va más allá de nuestro propósito, podemos entender que la formulación de la mecánica cuántica no se basa en unas leyes concretas, como la gravedad o el electromagnetismo, sino en buscar una idea en la que encaje la evidencia experimental. Por eso, la mecánica cuántica ha sido polémica desde sus orígenes y continuamente invocada por motivos ajenos a la física. Sin embargo, su éxito es irrefutable. Por ejemplo, en el caso del átomo, los números cuánticos aparecen como los autovalores de las matrices del formalismo de Heisenberg, mientras que en la interpretación de Schrödinger aparecen como los parámetros de ondas estacionarias que explicarían que el electrón no emita energía y que el átomo sea estable. Max Born interpretó la función de onda de un modo estadístico, de manera que el cuadrado de su valor absoluto en un punto representa la probabilidad de encontrar al electrón en dicho punto. En el caso del átomo de hidrógeno, los valores más probables de la posición del electrón se corresponden con las órbitas de Bohr. El espín se incorpora a la ecuación de Schrödinger como un operador que contribuye a la energía del sistema en presencia de campos magnéticos. Este operador se construye mediante las llamadas *matrices de Pauli*, cuya importancia quedará patente en el próximo capítulo. Sin embargo, el espín es una propiedad intrínseca de cada tipo de partícula, y por tanto debe ser incorporado a la función de onda de esta. El espín va a determinar el comportamiento colectivo de las partículas en un sistema. Las partículas de espín entero pueden coexistir en el mismo estado de energía y se denominan *bosones*. En el caso del modelo estándar son partículas asociadas a las interacciones, de las que ya conocemos al fotón, al que hemos relacionado con la interacción electromagnética. Las partículas de espín semientero se denominan fermiones y su

> El progreso técnico implica tres elementos: conocimiento, energía y materiales.
>
> **George Paget Thomson**

comportamiento colectivo está condicionado por el principio de exclusión de Pauli, que no permite que dos fermiones idénticos ocupen el mismo estado de energía. Los electrones son el primer ejemplo de fermiones cuyo espín vale $1/2\,\hbar = 1/2\,(h/2\pi)$, siendo $\hbar$ la constante reducida de Planck. Gracias al espín podemos entender la distribución de los electrones en la corteza atómica: los electrones se distribuyen en orbitales que se van ocupando de menor a mayor energía y solo dos electrones pueden ocupar cada orbital, correspondiéndose con las dos proyecciones del espín $+\hbar/2$, $-\hbar/2$. En el modelo estándar los fermiones son los constituyentes de la materia. Como ya se ha mencionado, el electrón fue el primero en ser descubierto. En cambio, el protón, aunque también es un fermión, no es una partícula elemental, ya que está formado por quarks, otro tipo de partículas de las que se hablará más adelante.

EL AVANCE EXPERIMENTAL, LOS RAYOS CÓSMICOS Y LA OBSERVACIÓN DE PARTÍCULAS NO ATÓMICAS

En el capítulo anterior se mencionó cómo el electromagnetismo aportó un enorme empuje a la experimentación; difícilmente alguien hubiera pensado que era posible medir algo tan pequeño como la masa del electrón. Sin embargo, Robert Millikan en 1913 consiguió medir su carga, y gracias a la relación carga/masa obtenida por J.J. Thomson se pudo determinar su masa, que resultó ser $m_e = 9{,}11 \cdot 10^{-31}$ kg.

Millikan, además, estaba convencido de la naturaleza ondulatoria de la luz, y por ello estudió el efecto fotoeléctrico tratando de rebatir la teoría de Einstein. Sin embargo, los resultados de sus experimentos acerca de la emisión fotoeléctrica en varios metales, publicados en 1914, sirvieron para confirmar el carácter corpuscular de la luz, y además, usando la teoría de Einstein, se pudo obtener el valor de la constante de Planck, cuyo valor era similar al obtenido de la radiación del cuerpo negro. La constante de Planck quedaba determinada, entonces, por dos métodos completamente diferentes, lo que consolidaba las hipótesis cuánticas.

MIDIENDO LA CARGA DEL ELECTRÓN

El experimento de Robert Millikan es realmente ingenioso, una prueba de que en ocasiones los grandes problemas de la física precisan de la llegada de la persona adecuada para resolverlos. Aunque muy difícil de realizar, el citado experimento, pensado para medir la carga del electrón, es sencillo de describir: se basa en observar la caída de gotas de aceite cargadas dentro de un campo eléctrico (véase la figura). Una gota de masa m y carga q cae por acción de la gravedad con una fuerza mg; si se dispone de un campo eléctrico E, de modo que la fuerza eléctrica qE actúe en sentido opuesto, se puede seleccionar un valor de E tal que la gota quede flotando cuando $mg=qE$. De este modo, conociendo m, g y E, es posible determinar la carga de la gota de aceite.

Gotas de tamaño ínfimo

El tamaño de las gotas de aceite puede reducirse tanto que pueden adquirir cargas de unas pocas veces la carga del electrón. La observación de la caída de numerosas gotas permite determinar que cada gota de aceite posee una carga cuyo valor es múltiplo de una carga mínima, que es la que corresponde a un solo electrón. Millikan obtuvo un valor parecido al aceptado actualmente, $e=1{,}60217653(14)\cdot 10^{-19}$ culombios, y con el valor de e/m se consiguió determinar la masa del electrón, $m_e=9{,}11\cdot 10^{-31}$ kg, que hasta ahora es la masa más pequeña jamás medida (aunque hay evidencias de que las masas de los neutrinos son muy inferiores a la del electrón, aún no se ha conseguido medirlas directamente).

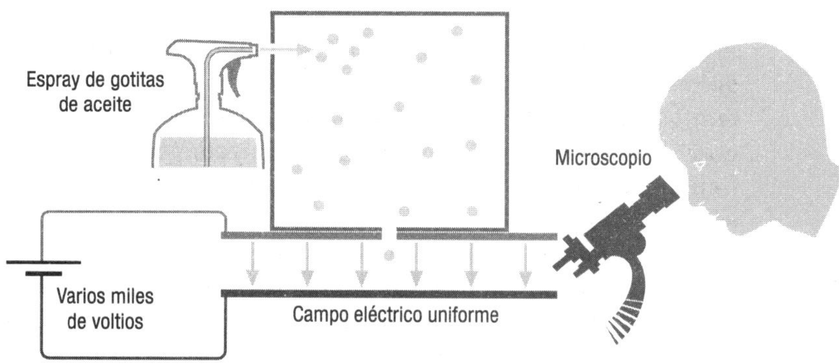

Esquema básico del experimento de Millikan, en el cual se hacen flotar gotitas de aceite en espray mientras se aplica un campo eléctrico y se observa con un microscopio de qué manera caen algunas de ellas. Observando la caída de muchas gotas, se puede deducir que cada gota posee una carga cuyo valor es múltiplo de una carga mínima, que es la que corresponde a un único electrón.

En el capítulo anterior también mencionamos cómo, gracias a pantallas fosforescentes, Rutherford y sus colaboradores observaban señales de partículas individuales. Aunque esta técnica era tremendamente laboriosa, con ella se consiguió descubrir el núcleo atómico. Las placas fotográficas, a pesar de que su uso es más complejo, ofrecen un registro de las partículas que inciden en ellas. Sin embargo, las partículas cargadas producen señales mucho más fáciles de registrar, gracias a la ionización del medio material por el que pasan. Esta es la base de varios detectores de partículas, de los que quizá el más sencillo sea el *contador Geiger* de la figura 4; este consiste en un tubo metálico con un hilo concéntrico en su interior, a modo de condensador cilíndrico sometido a un alto voltaje. Cuando una partícula cargada entra en el tubo produce ionización del gas, de manera que las cargas originadas se desplazan hacia ambos electrodos produciendo una corriente que puede medirse. Otros detectores más sofisticados, como las *cámaras de chispas*, se basan en este mismo principio. Entre dos placas metálicas sometidas a un alto voltaje se coloca un gas como helio o neón. El paso de una partícula cargada por la cámara produce su ionización, la cual, gracias al alto voltaje, deja un rastro de chispas a lo largo de la trayectoria de la partícula. Los detectores de descarga son aún muy utilizados, gracias a los avances de la electrónica. Los llamados *detectores proporcionales* contienen gas en su interior, como las cámaras de chispas, pero en este caso recogen la carga liberada al paso de las partículas, la cual es proporcional a su energía. Las *cámaras de deriva*, por su parte, disponen de múltiples ánodos, de manera que es posible recomponer la trayectoria de la partícula por la posición del que recibe la carga.

> El propósito de la ciencia es desarrollar, sin prejuicios de ninguna clase, un conocimiento de los hechos, las leyes y los procesos de la naturaleza.
>
> **Robert Millikan**

La cámara de niebla (o también cámara de Wilson) utiliza la ionización como principio de detección, pero de una manera diferente a los tubos de descarga. Consiste en un recipiente que contiene vapor sobresaturado de agua o alcohol; cuando la partí-

FIG. 4

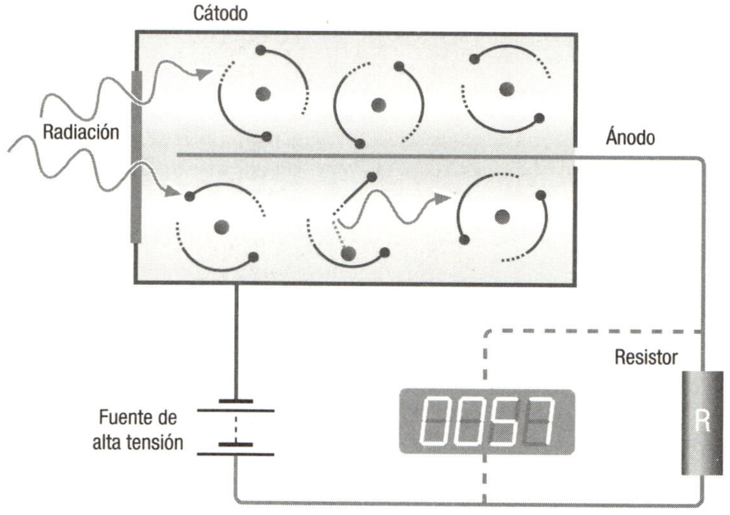

Esquema de un contador Geiger. Una fuente de alta tensión proporciona una diferencia de potencial entre un cátodo y un ánodo, y la radiación incidente ioniza el gas contenido en el detector produciendo un pulso eléctrico que registra el contador.

cula lo atraviesa ioniza el gas y los iones provocan su condensación, dejando una traza visible de gotas de líquido. Las partículas dejan trazas diferentes según su tamaño y energía. Además, si se dispone un campo magnético, es posible distinguir entre las trayectorias de las partículas positivas y negativas. El positrón fue descubierto por Carl Anderson en 1932 utilizando una de estas cámaras. Las cámaras de niebla evolucionaron a las cámaras de burbujas. En ellas el gas se reemplaza por un líquido sobrecalentado sobre el que el paso de una partícula deja una traza visible de burbujas por vaporización del líquido. Actualmente, gracias a nuestro mejor conocimiento de los materiales y la electrónica, son muy utilizados los detectores de centelleo. Estos se basan en plásticos o cristales orgánicos cuyas moléculas se excitan al paso de la radiación sin llegar a ionizarse, pero produciendo una luminosidad observable en su desexcitación.

CASCADA DE PARTÍCULAS POR RAYO CÓSMICO

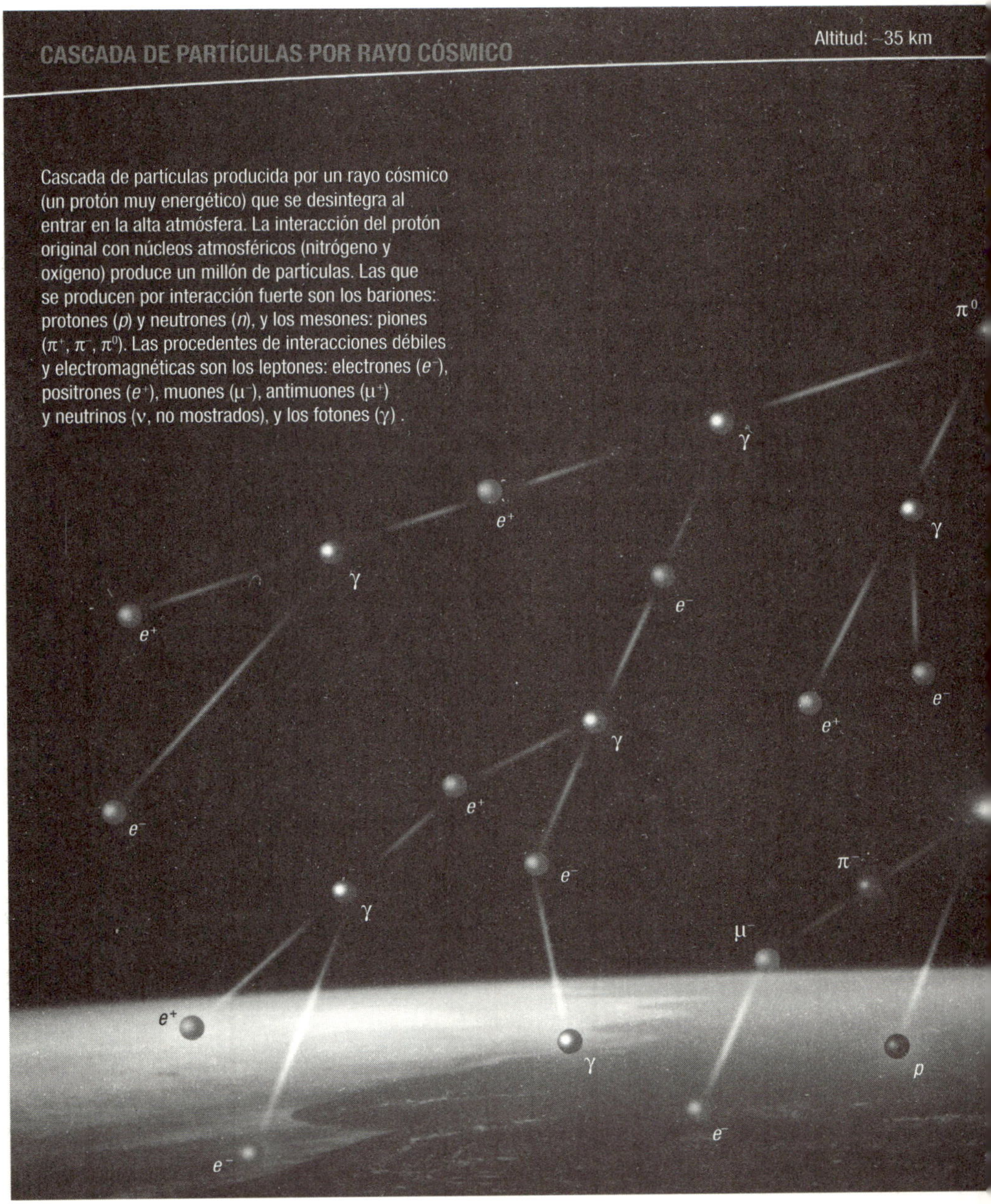

Cascada de partículas producida por un rayo cósmico (un protón muy energético) que se desintegra al entrar en la alta atmósfera. La interacción del protón original con núcleos atmosféricos (nitrógeno y oxígeno) produce un millón de partículas. Las que se producen por interacción fuerte son los bariones: protones (*p*) y neutrones (*n*), y los mesones: piones (π^+, π^-, π^0). Las procedentes de interacciones débiles y electromagnéticas son los leptones: electrones (e^-), positrones (e^+), muones (μ^-), antimuones (μ^+) y neutrinos (ν, no mostrados), y los fotones (γ).

Energía: 10¹⁵ eV
p
π⁻
μ⁻
n
p
π⁺
π⁺
p
n
π⁻
μ⁺
n
n
p
π⁻

Desde las primeras etapas de su desarrollo los instrumentos de detección fueron orientados a la búsqueda de radiación no terrestre. En 1912 Victor Hess realizó experimentos con globos aerostáticos y descubrió que el nivel de radiación aumentaba a medida que el globo ascendía. Hess atribuyó esta radiación a fuentes fuera de la atmósfera. En principio se pensó que esa radiación era de tipo electromagnético, y por eso se denomina radiación cósmica. Sin embargo, por su desviación en campos magnéticos pronto se pudo saber que está constituida, en su mayor parte, por partículas cargadas. De hecho, la radiación cósmica fue la única fuente de partículas con altas energías hasta que hacia 1950 aparecieron los primeros grandes aceleradores artificiales. Gracias a la radiación cósmica se observaron las primeras partículas no atómicas: el positrón (1932) y el muon (1936).

Los rayos cósmicos están formados en un 89% por protones, en un 10% por helio y el 1% restante corresponde a elementos más pesados. Los más energéticos proceden de fuera del sistema solar, pudiendo alcanzar algunos de ellos energías mayores de 100 TeV, muy superiores a los 10 TeV que alcanza el mayor de los aceleradores terrestres (el LHC del CERN). Estos, al colisionar con las moléculas de gas de la atmósfera, producen una cascada de partículas (véase la imagen de las págs. 50-51) que forman los rayos cósmicos secundarios. Partículas como los muones llegan a tierra en gran cantidad. Aunque en principio su vida media es muy corta, llegan a tierra debido a que viajan a velocidades próximas a la luz, lo que alarga decenas de veces su periodo de existencia, al transcurrir el tiempo más despacio para ellas. El muon es una de las pocas partículas que se adelantaron a su tiempo, es decir, que apareció antes de que se predijese su existencia, y tendría que esperar a que se formulase la teoría de la interacción débil para ser entendida. La aparición del positrón, en cambio, se identificó rápidamente como la antipartícula del electrón predicha por la ecuación de Dirac.

CAPÍTULO 3

Partículas relativistas. La ecuación de Dirac

La comprensión de la teoría electromagnética conllevó el desarrollo de la teoría de la relatividad, y gracias a esta se pudo observar la primera partícula no atómica del modelo estándar, el muon, e identificar al último componente del núcleo atómico, el neutrón. La relación entre la mecánica cuántica y la relatividad especial vino de la mano de Paul Dirac.

Cuando se hizo patente la naturaleza ondulatoria de la luz surgió el problema de su medio de propagación. Otras ondas, como el sonido, se propagan de modo mecánico produciendo vibraciones en el medio material que atraviesan; en el vacío las ondas sonoras no se propagan. Si la luz se propagase de un modo parecido, todo el universo debería estar inmerso en una sustancia que sirviese de medio material para su transmisión. Sería como si el universo fuese una gran pecera llena de una sustancia hipotética llamada *éter* que proporcionaría a la luz su medio de propagación y en cuyo seno se moverían los objetos celestes. En el éter la luz se movería con la velocidad $c \sim 300\,000$ km/s, mientras que en otros medios su velocidad, v, es menor, ya que el índice de refracción de cualquier medio material, definido como $n = c/v$, es mayor que la unidad. Consecuentemente, el éter debería tener unas propiedades difíciles de encontrar en cualquier sustancia terrestre: densidad y viscosidad casi nulas para no ser notado por los cuerpos que se mueven en su interior, y, por el contrario, una rigidez mayor que la de cualquier cuerpo conocido, para que la velocidad de propagación de la luz en él fuera superior que en cualquier otra sustancia. Por otro lado, si la luz se propaga en un medio, su velocidad debería cambiar para un observador en movimiento respecto de este medio; por tanto, la velocidad de la luz cambiaría según la Tierra se moviese en la dirección del foco emisor o en contra.

LA TEORÍA DE LA RELATIVIDAD ESPECIAL Y EL DESCUBRIMIENTO DEL MUON

La desviación de trayectoria de la luz de las estrellas, fenómeno conocido como *aberración estelar*, parecía implicar que la velocidad de la Tierra afecta a la velocidad de propagación de la luz. Esto es, un observador en la Tierra observaría el movimiento de una estrella con una velocidad $\vec{c}-\vec{v}_T$, donde $\vec{c}$ es la velocidad de la luz respecto al éter y $\vec{v}_T$ es la velocidad de la Tierra en su movimiento alrededor del Sol; puesto que la suma es vectorial, la dirección de los rayos que se mueven con velocidad $\vec{c}'$ cambian durante el año y esto hace que la estrella aparezca en una posición diferente en el otoño que en la primavera. El efecto es parecido al cambio de trayectoria de las gotas de lluvia cuando caminamos deprisa o corremos, aun en ausencia de viento (figura 1). En este caso las gotas se mueven respecto del aire con una velocidad perpendicular al suelo que podemos llamar $\vec{v}_L$, con lo que un observador en reposo observa que las gotas le llegan justo desde arriba, con una trayectoria totalmente vertical. Sin embargo, un observador que camina o corre con una velocidad $\vec{v}_O$ recibe la lluvia en una dirección oblicua determinada por la suma vectorial $\vec{v}_L-\vec{v}_O$. En el caso de la luz, la velocidad de la Tierra alrededor del Sol es de unos 30 km/s, lo que supondría un 0,01% de la velocidad de la luz en el éter. Un instrumento capaz de medir la velocidad de la luz con un error inferior a este podría ser utilizado para comprobar el arrastre del éter, ya que la velocidad de la luz debería cambiar según la luz se reciba a favor o en contra del movimiento de la Tierra. Hacia 1887, Albert A. Michelson y Edward W. Morley habían perfeccionado un método basado en interferencias de haces luminosos, uno moviéndose en la dirección de la Tierra y otro perpendicular a esta, tal que

FIG. 1

En ausencia de viento, cuando alguien está inmóvil bajo la lluvia las gotas le llegan totalmente en vertical. Pero si echa a andar rápido o a correr, recibe las gotas en una dirección oblicua.

el patrón de interferencias de ambos rayos daría cuenta de diferencias en la velocidad de propagación en ambas direcciones. El resultado determinó que la velocidad de la luz era la misma, independientemente de su dirección de propagación respecto de la Tierra, lo cual no era compatible con la presencia de un éter en reposo. Este experimento, conocido como el *experimento de Michelson-Morley*, es quizá el experimento con resultado negativo más famoso de la historia. Si bien no explicaba la existencia del éter, tampoco la excluye, lo que agrandaba aún más su misterio, confirmando que la luz se propaga en él con una velocidad fija, independiente del movimiento del observador. Para entender lo sorprendente de este descubrimiento consideremos un ejemplo a nuestra escala: un observador recibe la luz de los faros de un auto en reposo con una velocidad c; cuando comienza a alejarse con velocidad v la luz es recibida por el observador con la misma velocidad c y no con $c+v$.

Además del problema de la velocidad de la luz, los sistemas de referencia planteaban otro para el electromagnetismo. Un sistema se denomina *inercial* si un objeto que se mueve respecto de él verifica la *primera ley de Newton*, es decir, no cambia su estado de reposo o de movimiento con velocidad constante. Un objeto está en una posición x respecto de un sistema de referencia en reposo; aparentemente esa posición se corresponde con la posición $x' = x - vt$ en otro referencial que se desplaza con una velocidad constante v respecto de él. Este cambio de coordenadas se llama *transformación de Galileo*. Parece sorprendente que mientras las fuerzas mecánicas son invariantes a ese cambio de coordenadas, las fuerzas electromagnéticas no lo sean. Esto quiere decir que la medida de una fuerza mecánica, como la producida por el resorte de una balanza para indicar nuestro peso, es la misma en cualquier sistema de referencia inercial. En cambio, la fuerza que produce un campo magnético B sobre una carga q que se mueve con velocidad v, cuyo módulo es qvB, sería diferente en otro sistema de referencia que se desplace a velocidad constante respecto del anterior. Un ascensor puede servirnos de ejemplo de sistema de referencia (figura 2). Cuando está en reposo o se mueve con velocidad constante es un *referencial inercial*. En cambio, cuando acelera no lo es. Si colocamos una balanza en el suelo del ascensor para medir el peso de una persona de 80 kg, esta mide el valor de la fuerza normal que el suelo ejerce sobre la persona que, en caso de que el ascensor no esté acelerado, es igual a su peso, $mg = 800$ newtons (N) (aproximando g a 10 m/s^2). Por lo tanto, la medida de la balanza es la misma cuando el ascensor está parado que cuando sube o baja con velocidad constante. En cambio, para pasar de reposo a movimiento o viceversa, el ascensor debe acelerarse, convirtiéndose en un *referencial no inercial*. Si sube con una aceleración constante de 1 m/s^2, la fuerza normal que el suelo del ascensor ejerce sobre la persona no solamente ha de sostener su peso, sino además empujarle con una fuerza $F = ma$, con lo que la lectura de la balanza es la suma de ambas, $mg + ma = 880$ N (88 kg). En el caso de que el ascensor baje con la misma aceleración, la balanza mide una fuerza inferior al peso, $mg - ma = 720$ N (72 kg). En el caso extremo de que la bajada se realizase con una aceleración igual a la gravedad,

FIG. 2

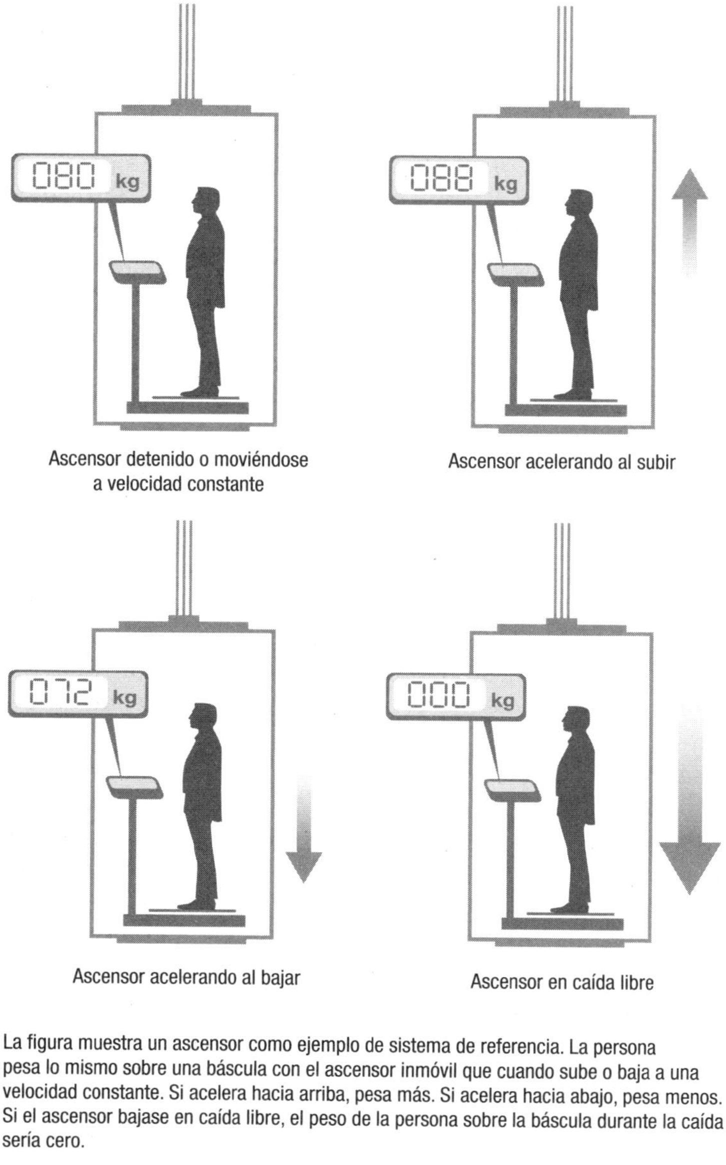

Ascensor detenido o moviéndose a velocidad constante

Ascensor acelerando al subir

Ascensor acelerando al bajar

Ascensor en caída libre

La figura muestra un ascensor como ejemplo de sistema de referencia. La persona pesa lo mismo sobre una báscula con el ascensor inmóvil que cuando sube o baja a una velocidad constante. Si acelera hacia arriba, pesa más. Si acelera hacia abajo, pesa menos. Si el ascensor bajase en caída libre, el peso de la persona sobre la báscula durante la caída sería cero.

LAS TRANSFORMACIONES DE GALILEO Y DE LORENTZ

Consideremos por sencillez el movimiento en una sola dirección, y definamos un sistema de referencia con un origen donde se empieza a contar el tiempo t y la distancia x, como se ilustra en la figura. Dos sistemas de referencia inerciales R y R' pueden desplazarse uno respecto del otro con una velocidad constante v. Si consideramos fijo el sistema R, el sistema R' se mueve respecto de R con la velocidad v. La posición de un objeto en R en un instante t viene dada por la posición x respecto a su origen, mientras que en el R' sería x'. La relación que permite relacionar la misma posición en ambos sistemas:

$$t'=t,\ x'=x-v\,t,\ y'=y,\ z'=z,$$

se denomina *transformación de Galileo*. Las leyes de Newton son invariantes ante ese cambio de coordenadas; en cambio, las ecuaciones de Maxwell no lo son. Lorentz y Poincaré encontraron una transformación de coordenadas que deja invariantes las ecuaciones de Maxwell. Esta se conoce como *transformación de Lorentz* y obedece a las relaciones:

Galileo en un cuadro pintado por un artista italiano de identidad desconocida, probablemente en el siglo XVIII. A la derecha, Albert Einstein junto a Hendrik Lorentz en una fotografía tomada en 1921.

$$t'=\gamma\,(t-v\,x/c^2),\ x'=\gamma\,(x-v\,t),\ y'=y,\ z'=z,$$

donde

$$\gamma=\frac{1}{\sqrt{1-v^2/c^2}}$$

es mayor que 1 y es el factor de dilatación del espacio y de contracción de longitudes.

La aportación de Einstein

Albert Einstein, en su teoría de la relatividad especial, postuló que ese tipo de transformaciones también son aplicables a la mecánica, lo que generaliza el concepto de movimiento relativo y hace que la velocidad de la luz sea la máxima alcanzable. Obsérvese que cuando $v/c \sim 1$, γ se hace muy grande, con lo que el tiempo t' puede ser mucho mayor que t. En cambio, cuando v es mucho menor que c, la transformación de Lorentz se reduce a la de Galileo; en este caso un objeto que se mueve respecto del referencial en movimiento con una velocidad $v'=dx'/dt'$ se relaciona con la velocidad respecto del referencial fijo $v=dx/dt$ mediante la relación $v'=v-v_o$. Si la luz recorre un espacio x en tiempo t en el primer sistema, su velocidad es la misma que en el segundo sistema, ya que $c=x/t=x'/t'$.

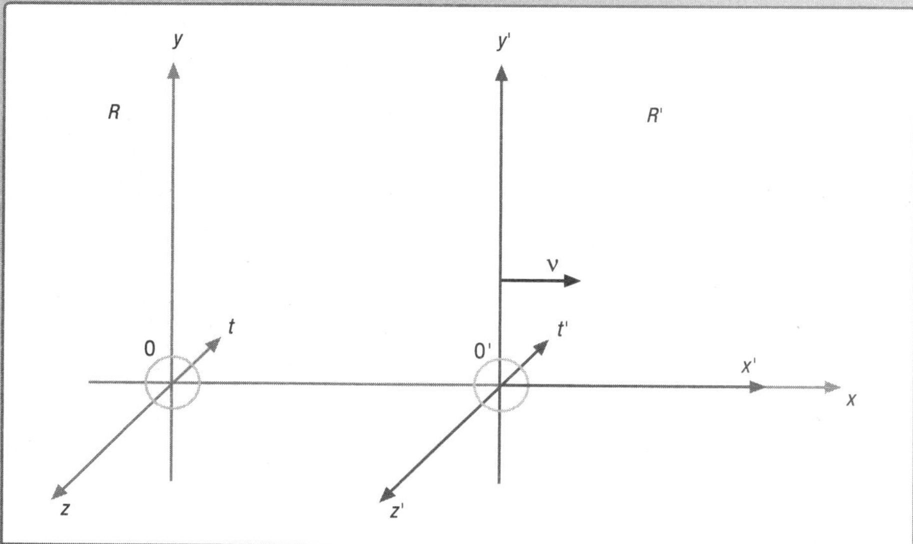

Las leyes y hechos fundamentales más importantes de la ciencia física han sido todos descubiertos, y están tan firmemente establecidos que la posibilidad de que lleguen a ser reemplazados a consecuencia de nuevos descubrimientos es extremadamente remota.

Albert A. Michelson

la balanza no mediría ninguna fuerza (marcaría 0 kg) y la persona tendría la sensación de ingravidez.

Las fuerzas electromagnéticas, en cambio, no toman el mismo valor en todos los sistemas de referencia inerciales. Consideremos, por ejemplo, el movimiento relativo entre una carga y un imán. Cuando el imán está en reposo crea un campo magnético constante B. Si hacemos pasar una carga q a una velocidad v por su zona de influencia esta experimenta una fuerza $q\,v\,B$. En cambio, si tomamos otro sistema de referencia inercial en el que la carga esté en reposo, esta no puede experimentar fuerza magnética. Sin embargo, según las *leyes de Faraday* la variación del campo magnético producida al mover el imán crea un campo eléctrico, E, el cual produce una fuerza sobre la carga igual a qE. Al aplicar la transformación de Galileo relacionando ambos sistemas se encuentra que las respectivas fuerzas sobre la carga no son equivalentes. De este modo, podemos decir que la formulación de la mecánica es «relativa» en el sentido de que es independiente del sistema de referencia en el que se formule, mientras que el electromagnetismo solo puede ser formulado en un sistema de referencia absoluto. Hendrik Lorentz estudió este problema proponiendo al éter como sistema de referencia fijo y consiguió explicar las diferencias de las ecuaciones de Maxwell cuando se cambia de un sistema de referencia a otro mediante contracciones del espacio y dilataciones del tiempo. El éter, que servía de medio transmisor de la luz y agente contractor del espacio y dilatador del tiempo, sería una sustancia no formada por átomos y únicamente con propiedades electromagnéticas. Henri Poincaré perfeccionó las transformaciones de Lorentz y descubrió que, gracias a estas, el electromagnetismo se podría formular de manera equivalente en cualquier sistema de referencia inercial. El mismo año de la publicación del trabajo de Poincaré, Einstein publicó su teoría de la *relatividad especial*. El nombre de especial se refiere a que no incluye la gravedad, como la teoría de la *relatividad general* que publicaría años después. La teoría de Einstein generaliza los trabajos de Lorentz, Poincaré y otros, no necesita el éter y es aplicable también a la mecánica de Newton. Se basa en dos principios:

1. Invariancia de la velocidad de la luz en cualquier sistema de referencia.

2. Principio de la relatividad: las leyes de la física son invariables en cualquier sistema de referencia inercial.

Se puede comprobar que la composición de velocidades no puede superar la velocidad de la luz, y que para velocidades pequeñas, tales que v muy inferiores a c, la transformación de Lorentz se reduce a la de Galileo, y los efectos relativistas no afectan a las medidas cotidianas: por ejemplo, la composición de velocidades se reduce a la suma de estas. Las contracciones del espacio-tiempo aparecen al pasar de un sistema de referencia a otro. De este modo, la invariancia de las ecuaciones de Maxwell respecto de las transformaciones de Lorentz explica su equivalencia en todos los sistemas de referencia inerciales sin necesitar un éter inmóvil. Con ello el trabajo de Einstein privaba al éter de la única propiedad que le quedaba tras las investigaciones de Lorentz: la inmovilidad. Las contracciones del espacio permiten explicar el problema de las fuerzas electromagnéticas en los sistemas inerciales. La combinación de fuerzas eléctrica y magnética que experimenta una carga q que se mueve con una velocidad v en un campo electromagnético (eléctrico $\vec{E}$ y magnético $\vec{B}$) se denomina *fuerza de Lorentz* y viene dada por la expresión $\vec{F} = q(\vec{E} + \vec{v} \times \vec{B})$, la cual es la misma en cualquier sistema de referencia inercial. De manera que la componente eléctrica o magnética de la fuerza varía con el sistema de referencia, pero no la suma de ambas.

La dilatación del tiempo desde el punto de vista de la mecánica ha dado lugar a todo tipo de especulaciones fantásticas. Sin embargo, en el contexto de partículas que se mueven con velocidades próximas a la de la luz, la dilatación del tiempo es un hecho que permite la observación de aquellas de vida muy corta. Así, por ejemplo, el muon fue observado en los rayos cósmicos en 1936 por Carl D. Anderson y Seth Neddermeyer. Su masa es 207 veces la masa del electrón. Debido a sus altas velocidades, superiores a 0,99 c, el muon pudo ser utilizado para confirmar la dilatación relativista del tiempo por Bruno Rossi y D.B. Hall, los cuales, en 1941, consiguieron determinar su vida media, obteniendo un valor similar al actual de 2,2 μs (millonésimas de segundo). Aunque los muones producidos en la alta atmósfera viajen a una velocidad próxima a la de la luz, en 2,2 μs no avanzarían más que unos cientos de metros. Sin embargo, ese tiempo para un observador en reposo se multiplica varias docenas de veces debido a la dilatación temporal relativista. El muon se identificó en un principio con la partícula intermedia entre el electrón y el protón predicha por H. Yukawa para explicar la interacción fuerte. Sin embargo, pronto se vio que el muon no participaba en dichas interacciones y que la partícula de Yukawa era el pion descubierto en 1947, también en rayos cósmicos. Como veremos, habrá que esperar varias décadas para clasificar al muon en el modelo estándar. Su lugar está entre los leptones, categoría a la que pertenece el electrón. El muon, al que actualmente se representa con la letra μ, es la primera partícula elemental encontrada de origen no atómico. Llegó a la Tierra anticipándose mucho a su tiempo desde los rayos cósmicos, invitada por la teoría de la relatividad.

EQUIVALENCIA MASA-ENERGÍA Y EL DESCUBRIMIENTO DEL NEUTRÓN

Puesto que las ecuaciones de Maxwell son invariantes bajo las transformaciones de Lorentz, el electromagnetismo está formulado de modo relativista. En cambio, la formulación de la mecánica clásica solamente es válida para velocidades mucho menores que la de la luz. Es preciso, entonces, redefinir conceptos tales como el momento y la energía cinética para hacerlos válidos a velocidades relativistas, y por tanto invariantes bajo las trasformaciones de Lorentz. La energía de una partícula de momento p y masa m toma la forma

$$E = \sqrt{p^2c^2 + (mc^2)^2}.$$

La sola observación de esta expresión nos permite concluir:

1. Para una partícula en reposo, $p=0$, obtenemos la famosa equivalencia entre la masa y la energía: $E=mc^2$. Uno de los principios de las reacciones químicas es precisamente la conservación de la masa; sin embargo, la conversión de la masa en energía se produce en las reacciones nucleares. Esta fórmula implica que un pequeño cambio en la masa se traduce en una enorme liberación de energía.

2. Aunque el fotón no tenga masa, la fórmula le atribuye un momento $p=E/c$. Con esto se puede entender que la luz, aun teniendo naturaleza ondulatoria, tenga energía y momento propios, ya que no se propaga en un medio. En el caso de otras ondas, como el sonido, la energía y el momento son transportados por el medio en que se propagan. La luz, en cambio, está formada por fotones, tales que al cuantizar su energía como $E=h\nu$ también su momento queda cuantizado: $p=h\nu/c$. De este modo, el fotón se comporta como un corpúsculo que obedece a la ley de *conservación del momento* en las colisiones. Así se explica el efecto fotoeléctrico y la dispersión Compton, como vimos en el capítulo anterior.

El descubrimiento del neutrón es un buen ejemplo de aplicación de la equivalencia masa-energía. Puesto que el neutrón no tiene carga eléctrica su detección fue muy difícil, aun cuando es uno de los componentes del núcleo atómico. Desde los inicios de la teoría atómica se sabía que el número atómico, Z, es aproximadamente la mitad de la masa atómica, A. También era conocido que un mismo elemento, caracterizado por su Z, se presenta en varios isótopos con distinta A. Hasta el descubrimiento del neutrón en 1932 solo se contaba con el protón y el electrón para explicar la composición del núcleo, de modo que se pensaba que este contenía una cantidad A-Z de electrones que neutralizaban a una cantidad equivalente de protones. Sin embargo, a esas alturas la teoría atómica y la mecánica cuántica estaban lo suficientemente desarrolladas como para encontrar importantes objeciones a esa hipótesis: con el principio de incertidumbre se puede estimar la energía de confinamiento del núcleo, la cual es muy superior a la energía de las partículas emitidas por este último (contrariamente a lo que viene siendo la norma en física de que la teoría se anticipe al descubrimiento, en este caso, el propio Heisenberg llegó a pensar que su principio no se podía aplicar al núcleo atómico); Oskar Klein mostró que los electrones no podían ser confinados por el potencial eléctrico del núcleo *(paradoja de Klein)*; y finalmente, los espines de los electrones contribuirían al espín nuclear. En el caso del nitrógeno, con $A = 17$ y $Z = 7$, los resultados experimentales corresponden a un espín entero, lo que es imposible con la composición de 21 partículas de espín 1/2 (14 protones y 7 electrones nucleares).

Como se ha dicho antes, la ausencia de carga eléctrica del neutrón hace de él una partícula elusiva a los detectores, los cuales, como vimos en el capítulo anterior, miden partículas cargadas. Por tanto, no resulta extraño que no se descubriese hasta 1932. Lo que sí resulta extraño es que aún no se hubiera formulado una hipótesis sólida anticipando su existencia, como suele ser normal en física, y como encontraremos en varias situaciones. El primer indicio de un nuevo tipo de radiación aparece con el desarrollo de las reacciones nucleares. En 1931 Walther Bothe y Herbert Becker observaron que elementos como el boro, el berilio y el litio al ser bombardeados con partículas alfa emiten una radiación neutra muy penetrante. Al principio, supusieron que eran rayos gamma muy energéticos. Frédéric Joliot e Irène Curie estudiaron esta radiación y observaron que al chocar con un blanco de parafina (sustancia con un alto contenido de hidrógeno) se liberaban protones con una energía de 5,7 MeV. En 1932, James Chadwick realizó un exhaustivo trabajo sobre el balance energético de la reacción He + Be → C + X y concluyó que si el producto X fuese radiación γ, como proponían Joliot y Curie, esta debería tener una energía de 54,4 MeV, lo que no es posible, porque al balance energético de la reacción solo se le puede atribuir una energía de 16,6 MeV. Sin embargo, observó que el balance energético cuadra si se identifica X con una partícula neutra, de masa similar a la del protón, a la que denominó *neutrón*. En notación moderna la reacción se escribe ${}^{4}_{2}He + {}^{9}_{4}Be \rightarrow {}^{12}_{6}C + {}^{1}_{0}n$. Chadwick midió el impacto de la nueva radiación sobre varios gases, y aprovechando que las masas atómicas del boro y el nitrógeno se conocían con bastante exactitud usó el balance energético de la reacción ${}^{4}_{2}He + {}^{11}_{5}B \rightarrow {}^{14}_{7}N + {}^{1}_{0}n$ para determinar la masa del neutrón con mayor precisión.

> El trabajo de Einstein es hacer más filosófica la física (en el buen sentido).
>
> **Hendrik Lorentz**

Los experimentos de la época le permitían determinar las velocidades de la partícula α, del helio v_{He}, del nitrógeno v_N y del neutrón v_n, todas ellas en el régimen no relativista, con lo que la masa del neutrón puede obtenerse de la expresión:

$$m_B c^2 + m_{He} c^2 + 1/2 m_{He} v_{He}^2 = m_N c^2 + m_n c^2 + 1/2 m_N v_N^2 + 1/2 m_n v_n^2$$

El valor obtenido fue 938 ± 1,8 MeV, muy próximo al valor aceptado actualmente de 939,57 MeV.

BOSONES, FERMIONES Y EL ESPÍN

La mecánica cuántica introduce el concepto de partículas idénticas que no existe en la física clásica. Pongamos, por ejemplo, dos partículas iguales en una caja, que clásicamente podemos llamar A y B. Con las ecuaciones de movimiento del sistema podemos saber dónde están A y B en cada momento, por tanto, aunque sean iguales, cada una conserva su identidad. Sin embargo, cuánticamente A y B son dos ondas, de modo que cuando se las confina en una caja lo que tenemos es una superposición de ambas en la que no se puede distinguir una de otra. A continuación veremos cómo el espín, introducido como una propiedad cuántica de cada partícula, determina el tipo de estados que esta puede formar cuando se combina con otras iguales y cómo las partículas se agrupan entre sí para formar estados más complejos.

En el capítulo anterior se ha mencionado que el espín se manifiesta como un momento angular intrínseco de la partícula, el cual se podía observar en presencia de un campo magnético. Sin embargo, no se puede considerar como la cuantización de un observable clásico, tal como el giro de la partícula sobre sí misma, de donde deriva su nombre. El espín determina los estados cuánticos en que puede encontrarse una colectividad de un mismo tipo de partículas. Cuando estas tienen espín semientero, 1/2, 3/2, 5/2... se denominan fermiones y obedecen al principio de exclusión de Pauli, según el cual, dos fermiones idénticos no pueden ocupar el mismo estado cuántico. Las partículas con espín entero 0, 1, 2... se denominan *bosones* y no están sujetas al principio de exclusión. Aun en ausencia de campos magnéticos externos, el comportamiento colectivo de fermiones y bosones es muy diferente. En el caso de los electrones, que son fermiones de espín 1/2, un estado cuántico puede contener un fermión o ninguno. De este modo, en la corteza atómica los niveles energéticos van poblándose de modo sucesivo sin que se repitan dos electrones en el mismo estado. En el caso de que la carga negativa del átomo fuese proporcionada por bosones idénticos, estos se agruparían en el estado fundamental formando átomos semejantes a esferas neutras que no se combinarían unas con otras, y por tanto no habría química.

El bosón recibe su nombre en honor a Satyendra Nath Bose. El fotón es un ejemplo de bosón de espín 1. Bose, en 1924, derivó una estadística cuántica para un gas de fotones; mediante razonamientos muy simples, obtuvo con ella la fórmula de Planck para la radiación del cuerpo negro. Einstein extendió su idea a partículas con masa, especulando que, a temperatura lo bastante baja, los componentes de un gas de bosones podrían encontrarse colectivamente en su estado de energía más bajo o fundamental. Este fenómeno se denomina *condensado de Bose-Einstein* y se observa, por ejemplo, en el helio-4, que es un bosón y licúa a los 4,2 K (el punto de fusión del agua en kelvins se halla en los 273 K). Sin embargo, al continuar enfriándose, el helio líquido cambia sus propiedades a partir de los 2,17 K y se convierte en un superfluido con una viscosidad casi nula. En cambio, un gas formado solamente por el isótopo helio-3, que es un fermión de espín 1/2, no experimentaría la transición a superfluidez a los 2,17 K.

LA ECUACIÓN DE DIRAC: PARTÍCULAS Y ANTIPARTÍCULAS

En la mecánica y el electromagnetismo clásicos el formalismo matemático, por complejo que sea, parte de unas leyes muy concretas: los principios de Newton, la ley de Faraday... En cambio, en mecánica cuántica las ecuaciones de onda son en sí mismas una hipótesis con la que se busca una ecuación que describa un sistema y una función de onda que represente a una partícula en ese sistema.

Dirac intentó encontrar una ecuación que pudiese explicar el movimiento relativista del electrón y pudiera aplicarse al movimiento de este en el átomo. De la misma manera que Schrödinger partió de la ecuación clásica de la energía, parece lógico pensar que el punto de partida sea la energía relativista:

$$E = c\sqrt{p^2 + m^2c^2}.$$

La sustitución de observables clásicos por operadores cuánticos choca con el problema de la raíz cuadrada a la hora de convertir la expresión de la energía en una ecuación diferencial. Sin embargo, utilizando el cuadrado de la energía, en 1926 Oskar

Klein y Walter Gordon obtuvieron una ecuación de ondas que se puede agrupar en la forma:

$$\frac{1}{c^2}\frac{\partial^2 \psi}{\partial t^2} - \nabla^2 \psi \frac{m^2 c^2}{\hbar^2} \psi = 0$$

y que se conoce como la *ecuación de Klein-Gordon*, en la que ψ es la función de onda. Esta no tuvo éxito en sus orígenes, porque contiene soluciones con densidad de probabilidad negativa, y en ese momento no se le encontró aplicación. Sin embargo, varios años después se halló que era adecuada para describir partículas relativistas sin espín. Dirac, en cambio, trató de buscar una ecuación lineal, para lo cual empleó matrices 4×4, lo que conlleva funciones de onda de cuatro componentes. En su forma original es:

$$(\beta mc^2 + c(\alpha_1 p_1 + \alpha_2 p_2 + \alpha_3 p_3))\ \psi(x,t) = i\hbar \frac{\partial \psi(x,t)}{\partial t},$$

donde los momentos p_1, p_2, p_3, son los operadores de momento análogos a los de Schrödinger y las α y β son matrices 4×4 tales que, al elevar los operadores al cuadrado, se obtiene la ecuación de Klein-Gordon. En la notación actual, la ecuación de Dirac se escribe utilizando las matrices gamma y expresando las derivadas de modo que muestren explícitamente la invariancia ante las transformaciones de Lorentz (forma covariante), mostrándose como

$$i\hbar\gamma^\mu \partial_\mu \psi - mc\psi = 0 .$$

Donde

$$\gamma^\mu \partial_\mu = \gamma^0 \frac{\partial}{c\,\partial t} - \gamma^1 \frac{\partial}{\partial x} - \gamma^2 \frac{\partial}{\partial y} - \gamma^3 \frac{\partial}{\partial z},$$

es el modo abreviado de escribir la contracción de índices de vectores en cuatro dimensiones con la métrica Minkowski

$$a^{\mu} b_{\mu} = g^{\mu v} a_{\mu} b_{v} = a_0 b_0 - a_1 b_1 - a_2 b_2 - a_3 b_3.$$

Las matrices de Dirac forman un álgebra de Clifford, definida por las relaciones de conmutación:

$$\{\gamma^{\mu}, \gamma^{v}\} = \gamma^{\mu}\gamma^{v} + \gamma^{v}\gamma^{\mu} = 2g^{\mu v}.$$

La ecuación de Dirac consigue compatibilizar la mecánica cuántica con la relatividad. Además, el operador de espín está integrado en la propia ecuación. La función de onda de Dirac es un vector de cuatro componentes. Sin embargo, en el límite no relativista se pueden eliminar dos de ellas, de modo que la ecuación de Dirac se reduce a la de Pauli, y con ello a la de Schrödinger. Aunque presenta soluciones de energía negativa, esto, lejos de restarle validez, aumenta su interés porque con ellas se pueden describir las *antipartículas*, como veremos a continuación.

La función de onda de Dirac es un vector de cuatro componentes al que se denomina *espinor*. La densidad de probabilidad es: $\rho = \Sigma(\psi_i)^2$, que es una cantidad definida positiva. Sin embargo, algunas de las soluciones tienen energía negativa. Dirac interpretó este tipo de soluciones como niveles de energía ya ocupados que formarían lo que se denomina el *mar de Dirac*. Los fermiones de energía incialmente positiva no podrían perder energía hasta caer en él, ya que el principio de exclusión de Pauli les impide tomar la misma energía que los niveles ya ocupados. Sin embargo, las partículas de energía negativa sí pueden saltar a niveles más altos dejando huecos en los niveles negativos. Cada hueco se comportaría como una partícula con energía positiva y carga opuesta a la de los niveles positivos; estas serían las antipartículas. De este modo, el salto de un es-

FIG. 3

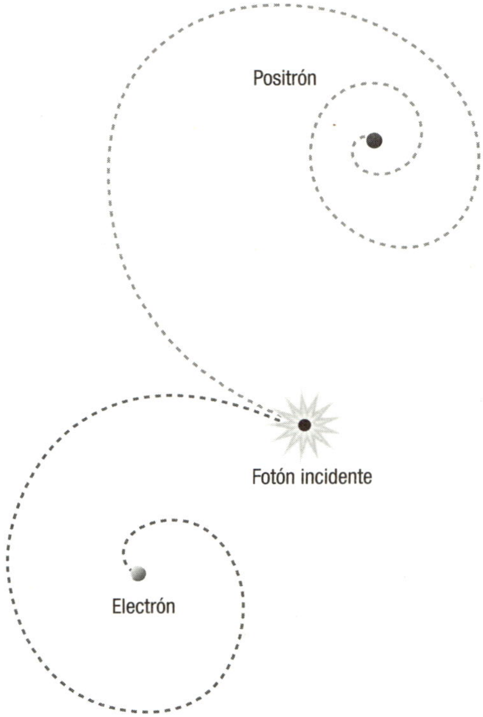

Resultado de un experimento realizado en una cámara de burbujas. Tras la generación de un par electrón-positrón por un fotón incidente de alta energía, el electrón se desplaza girando en sentido antihorario mientras que el positrón lo hace en el de las agujas del reloj. El campo magnético es perpendicular a la imagen.

tado de energía negativo a otro positivo crearía un par de un electrón con su antipartícula, ambas con la misma masa. En un principio, Dirac pensó que el protón podría ser la antipartícula del electrón, puesto que ambos tienen espín 1/2 y cargas iguales y opuestas. Sin embargo, el protón es unas 2 000 veces más pesado que el electrón, por tanto no encaja en esa descripción. La antipartícula del electrón, denominada *positrón*, fue descubierta por Carl David Anderson en 1932 al investigar la radiación cósmica. Se puede captar la trayectoria de un positrón en una cámara de niebla con un campo magnético. A partir de la curvatura de la traza, es factible inferir la masa de la partícula que la ha producido. Siendo la masa compatible con la del electrón, queda descartado el protón como su antipartícula.

Los esposos Joliot-Curie, en 1934, identificaron positrones en reacciones nucleares al bombardear aluminio con partículas alfa. Sin embargo, existen isótopos, como el carbono-11 o el potasio-40, que emiten positrones de modo natural. El fenómeno se conoce como *radiación beta positiva*.

En el modelo estándar la materia está formada a partir de fermiones, de los cuales ya hemos descubierto al electrón y su antipartícula, el positrón. Para todas las partículas se encuentran sus antipartículas, así que para el protón existe el antiprotón. Se ha especulado con el hecho de que a partir de positrones y antiprotones se podría originar antimateria. Sin embargo, no se ha encontrado evidencia de ningún núcleo complejo formado por esta, como por ejemplo antihelio, que podría llegar a nosotros como partículas antialfa en rayos cósmicos.

El par electrón-positrón (figura 3), descrito por la ecuación de Dirac, junto al fotón, descrito a partir de las ecuaciones de Maxwell, son las bases de la primera teoría cuántica de campos: la electrodinámica cuántica. El modelo estándar se desarrollaría a partir de esta, integrando las interacciones fuertes y débiles siguiendo un formalismo análogo.

CAPÍTULO 4

La primera teoría cuántica de campos: la electrodinámica cuántica

El fotón, el electrón y el positrón son los tres ingredientes necesarios para elaborar una teoría cuántica de la interacción electromagnética. Su formulación, en la que tanto la materia como la interacción son descritas como campos, no solo confirma los datos experimentales con una exactitud sin precedentes sino que constituye el punto de partida para explicar las otras interacciones del modelo estándar.

Como en los capítulos anteriores, la motivación de este es profundizar más en nuestra comprensión de la interacción de la radiación con la materia. Ahora sabemos que la radiación está formada por fotones, que son bosones, mientras que el electrón es un fermión. La mecánica cuántica nos ha enseñado que ambos tienen un comportamiento dual onda-partícula y la teoría de la relatividad nos ha permitido entender su comportamiento a altas velocidades. En este capítulo podemos comenzar a utilizar la idea de partícula elemental fuera del contexto del átomo, de manera que la *teoría de partículas elementales*, la cual se va a ocupar de las interacciones básicas entre partículas, se desvincula de la física atómica y nuclear.

En la mecánica clásica una partícula es una abstracción de un objeto al que se puede identificar con un punto de masa m, el cual se puede desplazar sin rotar, como haría un objeto extenso. Las leyes que rigen esta teoría son las *leyes de Newton*, que se formulan para partículas y se generalizan, mediante el cálculo integral, para objetos con estructura. De modo paralelo, en física de partículas el equivalente de las leyes de Newton es la ecuación de Dirac. Con ella se explica el comportamiento de los electrones (e^-) y, además, el de sus antipartículas, los positrones (e^+). Las fuerzas vendrían determinadas por la interacción de estos con el campo electromagnético, el cual está perfectamente determinado por las ecuaciones de Maxwell. Con estos elementos se construye la primera teoría cuántica para las partículas elementales: la electrodinámica cuántica. Nos referiremos a ella por sus siglas en inglés, QED.

Históricamente, la QED se desarrolla, aproximadamente, entre 1930 y 1950. Para su formulación solo se requieren tres partículas bien conocidas: dos fermiones de espín 1/2, que son el electrón y su antipartícula, el positrón, y un bosón de espín 1, que es el fotón. Aún habrá que esperar varias décadas para integrar las interacciones fuerte y débil en el modelo estándar. Sin embargo, el mecanismo de estas interacciones se comprenderá gracias a la teoría desarrollada para la QED, de ahí su importancia. La experimentación en ese periodo estaba muy limitada por la energía hasta la que se podían acelerar las partículas en los aceleradores, aún lejos de producir las partículas observadas en los rayos cósmicos como el muon y el pion, que serían producidas abundantemente en la década de 1950. Hasta entonces, los progresos en el modelo estándar son fundamentalmente teóricos y quizá el desarrollo de la QED, tanto por su dificultad como por su importancia y precisión, está al nivel de los grandes avances de la física. De hecho, la física es la ciencia experimental en la que la teoría tiene mayor vida propia, en el sentido de que los científicos que hacen la teoría son diferentes de los que realizan los experimentos.

La mecánica cuántica (no relativista) apareció porque la física clásica no podía explicar los fenómenos atómicos, los cuales resultaban más que aparentes para la ciencia y precisaban un cambio de perspectiva. Su éxito fue notable, porque las velocidades de los componentes atómicos son pequeñas, comparadas con la velocidad de la luz, la cual, en números redondos, alcanza los 300 000 km/s. Sin embargo, fenómenos como la interacción del campo electromagnético con electrones a grandes velocidades suponían todavía un problema sin resolver, para cuya comprensión se requería la formulación relativista de la mecánica cuántica.

QED: LA PRIMERA TEORÍA CUÁNTICA DE CAMPOS

En mecánica clásica el concepto de sistema de partículas permite derivar las ecuaciones del movimiento, o sea, la evolución temporal del sistema, de un modo alternativo a la integración de la segunda ley de Newton ($F = m\,a$). Las formulaciones de Lagrange y Hamilton de la mecánica permiten obtener las ecuaciones del movimiento de un sistema a partir de la minimización de una función, denominada *acción*, que se puede relacionar con el estado energético del sistema. En mecánica cuántica la primera cuantización se realiza asignando operadores a las magnitudes que definen el estado de una partícula (posición, momento…). Una segunda cuantización se realiza sobre un sistema de partículas al que se le atribuyen muchos estados posibles, y el cual se entiende como una superposición de estados de partículas. Para cuantizar un sistema se emplea un formalismo análogo al de la *mecánica lagrangiana*, y que se denomina *segunda cuantización*. Este tipo de cuantización es la adecuada para la mecánica cuántica relativista, porque permite la creación y aniquilación de partículas individuales, tal como ocurre, por ejemplo, con la aniquilación de pares e^+e^-.

De forma clásica se entiende por *campo* una propiedad física que afecta a una región del espacio y que toma un valor en cada punto de este. Por ejemplo, el campo de velocidades de un fluido determina el valor de la velocidad de cada uno de sus elementos según su posición en el seno de este. En el caso del campo eléctrico este afecta a una región del espacio, de modo que al colocar una carga q en un punto esta se ve sometida a una fuerza $\vec{F}(r) = q\vec{E}(r)$. En el caso cuántico las cargas se asignan a partículas como el electrón, el cual se define como un campo cuyo valor en un punto resulta de la superposición de infinitos estados de momento con los que puede desplazarse la partícula al pasar por ese punto. Recíprocamente, el campo electromagnético se identifica con el fotón, que, como partícula, conlleva un momento, y su campo se define de modo análogo al del electrón. Clásicamente, una partícula de carga q entra en un campo que actúa sobre su carga y se desvía de su trayectoria, es decir, cambia su momento. En QED, una partícula descrita por un campo en un estado inicial de momento $\vec{k}_1$ absorbe un fotón de momento $\vec{q}$ y pasa a un estado final con momento $\vec{k}_2 = \vec{k}_1 + \vec{q}$.

La *teoría cuántica de campos* es difícil de describir de manera intuitiva, puesto que ya su correspondiente teoría clásica se basa en una formulación matemática bastante abstracta: un sistema de partículas sometidas a la acción de campos, el cual se describe mediante una función denominada *lagrangiano*, cuya minimización determina la evolución del sistema con el tiempo. De esta evolución se obtienen los observables físicos de interés, tales como trayectorias y momentos de las partículas del sistema. En la correspondiente teoría cuántica, el sistema está integrado por campos, los cuales describen partículas como una superposición de infinitos estados, e interacciones entre campos que conectan los estados inicial y final. A partir del lagrangiano, la evolución del sistema se puede obtener de dos maneras. La primera es análoga al caso clásico, siguiendo un formalismo similar al de la mecánica analítica para obtener los operadores de evolución del sistema. La segunda es la técnica de *integrales de camino de Feynman*. Según esta, la evolución desde un estado inicial a otro final se obtiene como la suma (integral funcional) de todos los caminos posibles entre los estados inicial y final, asignando un peso a cada uno de ellos. Ambos procedimientos conducen a los mismos resultados.

Para construir la QED, el campo cuántico del electrón se obtiene a partir de la ecuación de Dirac, mientras que el campo cuántico del fotón y su interacción con el del electrón se pueden determinar a partir de las ecuaciones de Maxwell. Para cuantizar el fotón es conveniente escribir las ecuaciones de Maxwell en el modo denominado covariante, esto es, mediante vectores con las cuatro componentes del espacio-tiempo, adecuados para el formalismo relativista. El fotón se puede describir a partir de los potenciales eléctrico y magnético, definidos de forma tal que los correspondientes campos sean campos eléctrico

$$\vec{E}(r) = -\nabla\phi(r) - \frac{\partial}{\partial t}\vec{A}$$

y magnético $\vec{B}(r) = \nabla \times \vec{A}(r)$; cabe recordar que como varias funciones tienen la misma derivada, los campos $\phi(r)$ y $\vec{A}(r)$ no quedan completamente definidos, o dicho de otra manera, hay una cierta libertad en su elección. Esta libertad, llamada *invariancia gauge*, es fundamental para la formulación del modelo estándar. La palabra *gauge* no tiene una traducción literal al español. En el inglés no científico gauge se refiere al nivel que alcanza un líquido en un depósito. Cuando compramos gasolina pagamos la cantidad que entra en nuestro depósito, la cual es independiente del nivel o gauge del tanque que contiene al combustible (siempre y cuando la reserva sea suficiente para llenar nuestro depósito). Análogamente, el campo eléctrico se obtiene de la diferencia de niveles en un potencial, lo cual es independiente de dónde esté el nivel (gauge) inicial del potencial. Gracias a la invariancia gauge se puede obtener una de las componentes del fotón en función de las otras, de este modo se elimina un grado de libertad. Sin embargo, como veremos en un próximo capítulo, la invariancia gauge es una simetría del sistema de la que se deduce la conservación de la corriente eléctrica. Además, este tipo de invariancia puede generalizarse a las interacciones fuerte y débil, haciendo de ella uno de los pilares del modelo estándar.

La computación de las magnitudes físicamente observables es compleja. Sin embargo, basta con partir del lagrangiano para poder extraer los fenómenos físicos que explica la teoría. Por un lado las simetrías del lagrangiano aparecen plasmadas en las interacciones de las partículas contenidas en él, como veremos a continuación, mientras que, por otro lado, este es el punto de partida para computar cualquier proceso físico gracias a los denominados *diagramas de Feynman* de los que nos ocuparemos en la sección siguiente. Como veremos, ambos aspectos de la formulación de la QED como una teoría de campos son aplicables a las interacciones fuertes y débiles, y por tanto son la base del modelo estándar.

Aunque la aplicación exacta de la teoría a problemas concretos es muy difícil, es posible expresar la solución en potencias de un parámetro. En el caso de la QED este parámetro es la *constante de estructura fina*:

$$\alpha_{em} = \frac{e^2}{4\pi\hbar c} \approx \frac{1}{137}.$$

Este valor cuantifica la intensidad de la interacción fotón-electrón. Puesto que su valor es pequeño, el lagrangiano se puede escribir como el correspondiente al fotón y el electrón libres más un término de interacción entre ambos. Los cálculos se realizan partiendo de la solución de las partículas libres, es decir, sin tener en cuenta la acción de los campos. Esta se considera como una interacción que perturba el sistema libre con una intensidad modulada por la constante α_{em}. La solución total es una serie de potencias en el parámetro α_{em}, el cual está definido a partir de la constante e que aparece en el término de interacción del lagrangiano. Obviamente, los cálculos se complican cada vez más a medida que se busca mayor precisión. Sin embargo, el impacto de estos en el resultado final es cada vez menor.

A pesar de su éxito, los trabajos de Weisskopf, Pauli y Oppenheimer muestran que algunos de los cálculos basados en QED, aun reproduciendo valores experimentales al nivel más bajo, presentan contribuciones infinitas en los órdenes siguientes. El problema se resuelve a partir de la redefinición de los parámetros del lagrangiano, mediante un proceso denominado *renormalización*. El problema de los infinitos parece inherente a una teoría en la que los campos se definen como superposición de infinitos estados; la renormalización permite eliminarlos de una manera consistente. Esto hace de la QED una teoría bien formulada y con una impresionante coincidencia con las medidas experimentales. Aunque la teoría fue desarrollada en un periodo de veinte años gracias a la contribución de muchos científicos, el mayor impulso se atribuye a Dyson, Tomonaga, Schwinger y Feynman; los tres últimos recibieron conjuntamente el premio Nobel en 1965.

SIMETRÍAS Y CORRIENTES

Las simetrías de un sistema físico están asociadas a magnitudes conservadas. Esta importante propiedad se deriva del *teorema*

EL ÉXITO DE LA QED: EL MOMENTO DIPOLAR MAGNÉTICO DEL ELECTRÓN Y EL EFECTO LAMB

Un ejemplo del éxito de la teoría es el cómputo del momento dipolar magnético del electrón, μ_s. Este depende del espín, S, y determina su interacción con un campo magnético externo B. La interacción del espín con el campo produce un desplazamiento del nivel energético en una cantidad $\mu_s B$. A partir de esa medida se puede medir μ_s con una gran precisión y su valor es

$$\mu_s = g_e \frac{e\hbar}{2m} S.$$

El valor de g_s predicho por la ecuación de Dirac es exactamente 2; sin embargo, el valor experimental g_e está medido con una asombrosa precisión:

$$g_e^{(\text{exp})} = 2{,}0023193043738 \pm 0{,}0000000000082.$$

En la expresión vemos que el error experimental afecta únicamente a las dos últimas cifras. Julian Schwinger (1918-1994), empleando la QED, consiguió computar el primer orden en α_{em} con el que obtuvo un valor $g_e = 2(1 + \alpha_{em}/2\pi)$. Solo con esto, la precisión alcanza hasta el quinto decimal. En la actualidad el cómputo de esta cantidad está hecho con una precisión superior $(\alpha_{em})^4$, y con ello la concordancia entre la predicción teórica y la medida experimental es casi absoluta. El caso del momento magnético del muon, que es una partícula similar al electrón pero mucho más pesada, es diferente; aunque la correspondencia entre la teoría y el experimento es casi absoluta, la diminuta discrepancia entre las últimas cifras decimales de ambas cantidades hace pensar que pueda haber contribuciones de partículas aún por determinar.

El desplazamiento de Lamb

La QED consiguió explicar también el desdoblamiento de dos de los niveles del átomo de hidrógeno, los denominados $^2S_{1/2}$ y $^2P_{1/2}$ (efecto conocido como *desplazamiento de Lamb*), y para los que la ecuación de Dirac predice idéntica energía. El valor medido corresponde a una radiación de frecuencia $\nu = 1\,057$ MHz, al cual la relación de Planck $E = h\nu$ se corresponde con una energía de $4{,}372 \cdot 10^{-6}$ eV.

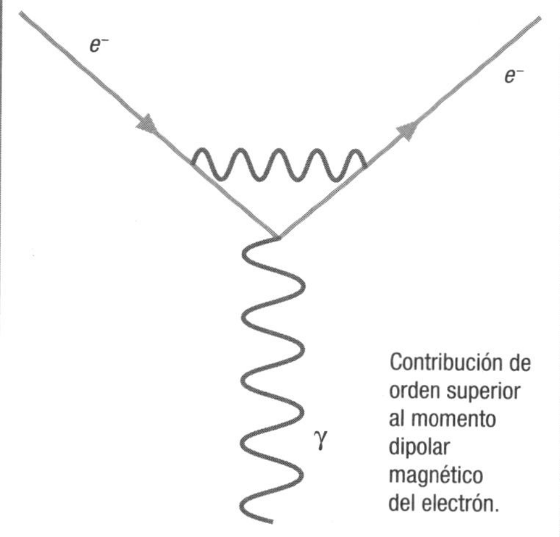

Contribución de orden superior al momento dipolar magnético del electrón.

de Noether, formulado por la matemática Emmy Noether en 1915, según el cual las simetrías de un sistema descrito por una función del tipo del lagrangiano se corresponden con leyes de conservación. Las simetrías pueden ser de varios tipos:

— Simetrías respecto a las variables espacio-temporales:

a) Independencia del tiempo ⇔ Conservación de la energía.

b) Independencia de traslación o cambio del origen de coordenadas ⇔ Conservación del momento.

c) Independencia rotacional o rotación de los ejes de referencia ⇔ Conservación del momento angular.

— Simetrías internas del sistema. Se refieren a invariancias del lagrangiano ante cambios en los campos, por ejemplo la invariancia gauge mencionada anteriormente. Esta conlleva la conservación de la carga.

En el capítulo anterior mencionamos la ecuación de Klein-Gordon; cuando fue propuesta, en 1928, no se le encontró aplicación física, ya que la interpretación de sus funciones de onda implicaba probabilidad negativa. Sin embargo, Pauli y Weisskopf, en 1934, la encontraron adecuada para explicar la interacción con el campo electromagnético para partículas sin espín. De la simetría ante los cambios de fase de la función de onda, $\Phi \rightarrow e^{i\theta}\Phi$, se deduce la conservación de la carga eléctrica, y esta puede interpretarse como la conservación de la corriente eléctrica. En forma covariante, la corriente se escribe en cuatro dimensiones como: $j^{\mu} = (\rho, j_x, j_y, j_z)$, donde ρ es la densidad de carga (carga/volumen) y $\vec{j} = (j_x, j_y, j_z)$ es el vector densidad de corriente eléctrica (carga que pasa por la unidad de superficie en unidad de tiempo). La conservación de la carga se escribe en forma diferencial como

$$\partial_{\mu} j^{\mu} = \frac{\partial \rho}{\partial t} + \vec{\nabla} \cdot \vec{j} = 0.$$

FIG. 1

Representación gráfica de la equivalencia entre una partícula de carga $-e$ con energía negativa y una partícula con carga $+e$ y energía positiva que viaja en sentido opuesto.

Este tipo de ecuaciones se denomina *ecuación de continuidad* y se aplica a los fluidos en general. Simplemente indica que la cantidad de fluido, carga eléctrica en este caso, que entra en un tubo de corriente es igual al que sale. En el caso de la ecuación de Klein-Gordon la corriente de carga conservada se puede escribir como $j^\mu = -ie(\Phi^* \partial^\mu \Phi - \Phi \partial^\mu \Phi^*)$. Ahora, debido a la presencia de la carga eléctrica e en la definición de la corriente, la componente $j^0 = \rho$ representa la densidad de carga. Mientras que la densidad de probabilidad ha de ser positiva, las densidades de carga pueden ser negativas o positivas según correspondan a partículas o a sus respectivas antipartículas. En el caso del campo de Dirac, la conservación de la carga se expresa mediante la corriente $j^\mu = -e\bar{\psi}\gamma^\mu \psi$. En este caso, ψ representa un espinor de cuatro componentes, que describe una partícula de espín 1/2 y carga e como el electrón, y las γ^μ son matrices 4×4, denominadas matrices de Dirac. El concepto de corrientes permite una interpretación diferente para los estados de energía negativa; según Stückelberg y Feynman, una partícula de carga $-e$ y energía negativa es equivalente a una partícula con carga $+e$ y energía positiva que viaja en sentido opuesto. En la figura 1 se muestra de una manera gráfica.

FENOMENOLOGÍA: LOS DIAGRAMAS DE FEYNMAN

La teoría de campos debe explicar fenómenos que se puedan observar, o dicho de otro modo, de ella debe derivarse la «fenomenología» que puede ser vista en experimentos. Dada la complejidad de la teoría, su aplicación a casos concretos no es sencilla. Richard Feynman introdujo un método pictórico que simplifica de tal modo este tipo de cálculos que los «diagramas de Feynman» se han convertido en emblema de la física de partículas.

Como vimos en capítulos anteriores, las líneas espectrales eran la observación fundamental en experimentos con átomos. En el caso de las partículas con velocidades relativistas, las observaciones se refieren a la dispersión de estas en colisiones y a la desintegración de las partículas inestables. La dispersión o *scattering* de proyectiles lanzados sobre un blanco se evalúa computando una cantidad denominada *sección eficaz*, σ. Para entender su significado, supongamos que se envían los proyectiles hacia el blanco. El flujo incidente se define como el número de proyectiles por unidad de tiempo que atraviesan una unidad de área en dirección perpendicular al blanco. Algunos de estos proyectiles consiguen interactuar con él, y otros pasan de largo; la sección eficaz de este proceso se define como el «número de interacciones por unidad de tiempo/flujo de proyectiles incidente».

El significado es el tamaño del área de acción del blanco sobre el proyectil. En el caso de un lanzador de dardos, el flujo de proyectiles podemos determinarlo contando el número de dardos que pasan por una superficie de referencia S en un tiempo t, pudiéndose considerar como interacción con la diana el hecho de acertar en su centro. Entonces, para un tirador que dispara N dardos y hace blanco con una cantidad A, la sección eficaz de dispersión sería:

$$\sigma = \frac{A / t}{N / (tS)} = (A / N)S.$$

De este modo, para un tirador que acierta todo, la sección eficaz es igual a S, y a medida que el porcentaje de éxitos disminuye, σ disminuye. La sección eficaz representa el área hipotética que el blanco representa para el proyectil, la cual incluye la probabilidad de impacto proyectil-blanco. Así, si imaginamos que la diana se coloca más lejos, el número de aciertos se hace más bajo y la sección eficaz disminuye. Por otro lado, si el blanco atrae al proyectil la sección eficaz aumenta. En el caso de partículas subatómicas, para conocer la sección eficaz total se requiere conocer las partículas dispersadas en todas las direcciones. Normalmente, un detector solo cubre las direcciones contenidas en el pedazo de casquete esférico que cubre su ventana, pedazo que se caracteriza por un ángulo sólido infinitesimal $d\Omega$, de modo que la medida del detector corresponde a la eficaz diferencial, $d\sigma/d\Omega$. La sección eficaz total se obtiene integrando sobre todo el ángulo sólido Ω, cuyo valor para una esfera completa es de 4π. La unidad de medida de la sección eficaz es el *barn*, que equivale a 10^{-28} m^2 y corresponde aproximadamente al diámetro de un núcleo de uranio al cuadrado. La palabra *barn* significa «granero» en inglés: el nombre de la unidad fue asignado por un equipo de científicos que encontraron secciones eficaces mucho mayores que las magnitudes de las partículas que estaban manipulando.

> **Tengo el secreto temor de que las nuevas generaciones podrían no tener necesariamente la oportunidad de familiarizarse con las ideas disidentes.**
>
> JULIAN SCHWINGER

Otra de las observaciones habituales en los experimentos con partículas es su tasa de desintegración, Γ. Su relación con la vida media de la partícula, τ, viene dada por $\tau = 1/\Gamma$. Como las partículas pueden desintegrarse de varias maneras, la probabilidad de desintegración en un canal particular A viene dada por la fracción Γ_A/Γ_{total}. Tanto $d\sigma/d\Omega$ como Γ se calculan a partir de la amplitud invariante M, obtenida a partir de los términos de interacción del lagrangiano del sistema. El cómputo de M se realiza evaluando los sucesivos términos de una serie de potencias en el parámetro α_{em}. La aplicación de la teoría para este tipo de cálculos es un procedimiento muy laborioso, aun para los órdenes más bajos. Sin embargo, Feynman desarrolló un procedimiento tal que todas las contribuciones al resultado final se pueden esquematizar, orden por orden de una serie de potencias en α_{em}, gracias a una técnica basada en diagramas. Al inicio de su desarrollo, el propio Feynman predijo que en el futuro las revistas es-

Me gustaba mucho la mecánica cuántica. El tema era difícil de entender pero fácil de aplicar a un gran número de problemas interesantes.

WILLIS LAMB

pecializadas de física estarían plagadas de este tipo de dibujos; el acierto fue completo: basta abrir cualquier ejemplar de *Physical Review D* o *Nuclear Physics B* para darse cuenta de la relevancia de los diagramas de Feynman en la investigación en física de partículas. Su uso en la QED se puede resumir como se muestra en la figura 2.

Utilizando las reglas de Feynman como piezas de un juego de construcción, se pueden construir los diagramas que contribuyen a cada proceso. Basta combinarlas como aparecen en los términos de interacción del lagrangiano de la teoría. Por ejemplo, en el efecto Compton, que es la dispersión de un fotón al chocar con un electrón de la que hablamos en el capítulo 2, el ángulo de dispersión (figura 3) se puede calcular con gran precisión gracias a la QED. El término de interacción del lagrangiano es $eA^{\mu}\ \bar{\psi}\gamma^{\mu}\psi$, que se puede interpretar como un electrón en un estado inicial de momento y espín, que experimenta la interacción electromagnética absorbiendo un fotón, y con ello pasa a otro estado final con otro espín y momento. La probabilidad de esta transición se calcula a partir de los operadores y campos que aparecen en ese término.

Como hay dos vértices, el proceso es de orden $M \sim e^2 \sim \alpha_{em}$, por tanto $\sigma \sim |M|^2 \sim \alpha_{em}^2$. Según se coloquen las líneas externas, se pueden describir otros procesos de dispersión, como los de la figura 4.

También son posibles a este mismo orden la creación de pares $\gamma\gamma \rightarrow e^+e^-$ y su aniquilación $e^+e^- \rightarrow \gamma\gamma$. Las contribuciones de orden superior proceden de bucles como el de la figura de la pág. 83, que representa una contribución de orden superior al momento dipolar magnético anómalo del electrón. Este tipo de contribuciones son muy importantes, porque a los bucles pueden incorporarse partículas nuevas contribuyendo al proceso. En el caso del muon, existe una pequeña discrepancia entre el valor experimental y el cálculo del modelo estándar, la cual puede interpretarse como una manifestación de física desconocida.

FIG. 2

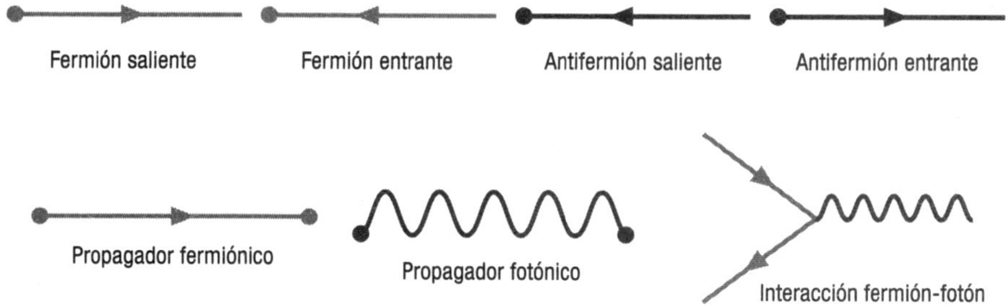

Reglas de Feynman para la QED.

FIG. 3

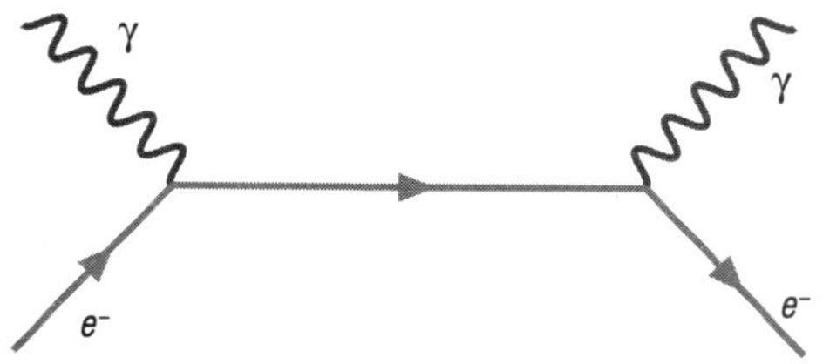

Uno de los diagramas de Feynman que contribuyen al orden más bajo de la dispersión.

FIG. 4

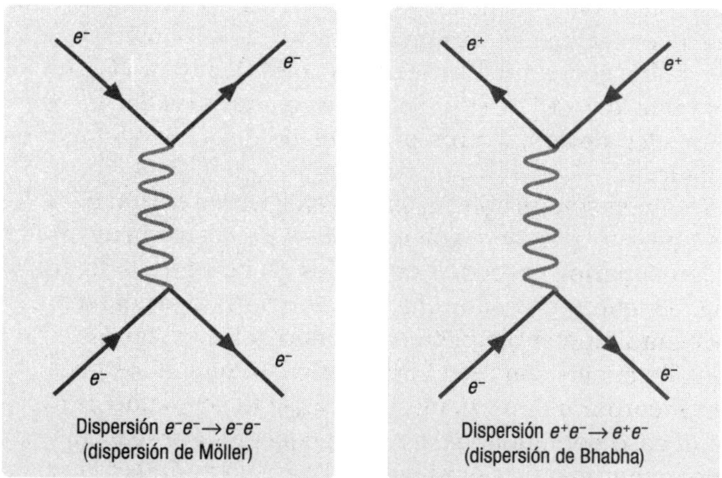

Diagramas de Feynman que contribuyen al orden más bajo de varios procesos de dispersión.

Los diagramas de Feynman son una herramienta básica en la física de partículas. Aunque se han presentado para el caso de la teoría electromagnética, su uso puede generalizarse a cualquier tipo de teoría cuántica de campos. De este modo, se propone una nueva teoría a partir de un lagrangiano del que se extraen las reglas de Feynman, y a partir de las cuales se pueden contrastar las predicciones de la teoría con las observaciones experimentales. Por otro lado, la invariancia gauge, que conducía a la conservación de la carga eléctrica, es la clave para formular una teoría que incluya, además, las interacciones fuertes y débiles, como veremos en los próximos capítulos.

CAPÍTULO 5

Aceleradores de partículas, simetrías y quarks

En la década de 1950 se consiguió acelerar partículas a energías que superaban la correspondiente a la masa del protón. Ello dio lugar a un auténtico «zoo» de partículas nuevas, cuyas propiedades se pueden relacionar con las interacciones fuerte, débil y electromagnética. En su mayor parte, están formadas por unos pocos bloques elementales: los quarks.

A diferencia de capítulos anteriores, en este no comenzamos a hablar de interacción entre radiación y materia. La razón es que con el fotón, el electrón y el positrón se consiguió construir la electrodinámica cuántica o QED, la cual explicaba todos los fenómenos observados de naturaleza electromagnética con una precisión sin precedentes. El problema ahora era la interpretación de las interacciones fuertes y débiles, de las cuales solo sabíamos por la desintegración de núcleos inestables o por alguna noticia lejana que nos había llegado a través de la radiación cósmica. Estas señales son indicios de fenómenos que se producen a gran energía y por tanto se requería de un gran avance experimental para recrearlas, el cual llegó con los *aceleradores de partículas*. Para hacernos una idea de las escalas de energía, es indicativo señalar que la escala de energía de las interacciones atómicas es la del *electronvoltio* (eV), y la de las reacciones nucleares es la del millón de eV o MeV (megaelectronvoltios). En el caso de los aceleradores, el gran avance tuvo lugar cuando, en torno a 1950, se comenzaron a superar los 1 000 MeV o 1 GeV (gigaelectronvoltios). Con esas energías se produjeron partículas que antes se habían visto en la radiación cósmica y, además, muchas otras dando lugar a lo que se llamó el *zoo de las partículas*, en cuyo estudio se observaron los tres tipos de interacción: fuerte, débil y electromagnética, y se investigaron patrones comunes para clasificarlas. En este último aspecto, los grupos de simetrías permitieron adivinar la estructura de las partículas y explicar las decenas de ellas observadas hasta 1960 con solo tres bloques constituyentes elementales: los tres quarks conocidos hasta la época.

LOS ACELERADORES DE PARTÍCULAS

El avance experimental que propició la comprensión de las interacciones débil y fuerte fue, sin duda, el desarrollo de los aceleradores de partículas. Al acelerar una partícula, esta aumenta su velocidad, y con ello, su *energía cinética*. Como existe una equivalencia entre la masa y la energía, mediante la colisión de dos partículas ligeras pueden producirse partículas más pesadas que las originales, siempre que aquellas posean la energía suficiente. Para producir un electrón o un positrón se precisa una energía de 0,511 MeV/c^2; por tanto, un par electrón-positrón puede ser producido por un fotón de una energía superior al doble de esta. Del mismo modo, un electrón y un positrón pueden colisionar y producir un par muon-antimuon, siempre que la energía alcanzada en el choque sea superior a $2 \cdot 105{,}7$ MeV/c^2. Hasta la mitad del siglo XX los aceleradores de partículas habían alcanzado la energía suficiente para estudiar reacciones nucleares, pero los rayos cósmicos eran aún la única fuente de partículas no nucleares. Aunque estos pueden ser originados por partículas de energías mucho mayores que las aún alcanzables en cualquier acelerador, su llegada no se produce de la manera continua y controlada que se precisa para su estudio. En cambio, en un acelerador es posible seleccionar el flujo y la energía de las partículas, y además, acomodar detectores de modo que se puedan observar la mayor parte de los productos resultantes de la colisión.

El principio de un acelerador se basa en suministrar energía cinética a partículas cargadas por medio de campos electromagnéticos. Si la aceleración de la partícula se realiza mediante un

FIG. 1

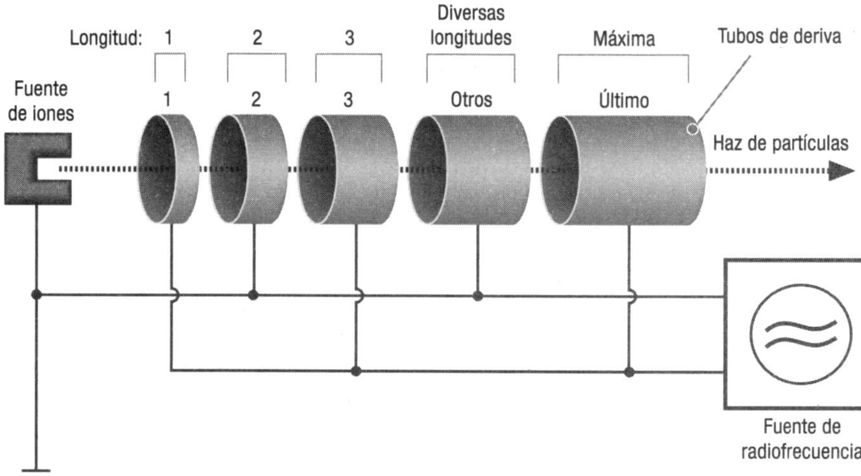

Técnica Ising-Wilderöe de aceleración lineal de partículas cargadas. Los tubos tienen una longitud cada vez mayor, como puede verse en los tubos 1, 2 y 3. El tubo 2 mide el doble que el 1. El 3 mide el triple que el 1. El acelerador es mucho más largo que lo mostrable en el dibujo, por lo que el tubo señalado como «Otros» marca tan solo la posición de todos los existentes entre los tres primeros y el último. Más allá de este, que no está representado en toda su longitud, el haz de partículas originado a partir de la fuente de iones y acelerado con ayuda de cavidades de radiofrecuencia (que contienen un campo electromagnético) completa su aceleración y alcanza el blanco.

campo eléctrico, la trayectoria de esta es rectilínea y el acelerador deberá ser lineal. Cuando las partículas se mueven en un campo magnético el acelerador deberá ser circular.

Los *aceleradores lineales*, denominados LINAC, tienen, en esencia, el mismo fundamento que el tubo de Crookes, al que ya relacionamos en el capítulo primero con el descubrimiento del electrón. Intuitivamente podemos pensar que, cuanto más largo sea el tubo, mayor será la energía que adquieran las partículas que se aceleran en él. Para construir un LINAC a gran escala aún se emplea la técnica original, propuesta por Gustav Ising y perfeccionada por Rolf Wideröe en 1927, la cual se describe en la figura 1. El alto voltaje se produce mediante corriente alterna. Como en esta la polaridad cambia cíclicamente es preciso alternar los tubos de propulsión con espacios vacíos, tal que el movimiento de la partícula esté sincronizado con la corriente, de modo que pase por el tubo durante el semiperiodo de aceleración en el sentido del movimiento y esté fuera de él cuando la polaridad cambie. Puesto que las partículas cada vez circulan más rápido, se precisa que los tubos de aceleración o deriva sean cada vez más largos. Por tanto, para alcanzar energías muy altas se requieren instalaciones muy grandes, como la del SLAC *(Stanford Linear Accelerator Center)* en California. Los aceleradores lineales son muy utilizados en la industria y en la medicina. Por otro lado, este tipo de acelerador se postula con fuerza como candidato para el avance a corto y medio plazo de la experimentación en física de partículas, ya que, aunque alcancen menor energía que los circulares, son mucho más precisos, lo que es fundamental para proporcionar datos que permitan el análisis de las propiedades de las partículas.

Los *aceleradores circulares* disponen de un campo magnético B, el cual proporciona a una partícula de masa m y carga q la fuerza centrípeta necesaria para que la partícula describa un círculo en un plano perpendicular al campo. La velocidad de la partícula y, por tanto, su energía cinética están relacionadas con el radio R del círculo descrito como $v = eBR/m$. Pero esta velocidad se mantiene constante en la órbita. Para conseguir velocidades cada vez mayores es preciso impulsar a la partícula a radios también cada vez mayores, lo cual se consigue con un impulso eléctrico. Un dispositivo que combina adecuadamente un campo magnético con impulsos eléctricos es el *ciclotrón*. El primero de ellos, construido en 1931 por Ernest O. Lawrence y M. Stanley Livingston, medía unos 11 cm de diámetro y conseguía acelerar electrones hasta 80 KeV.

La base del ciclotrón es un campo magnético que hace que las partículas que entran en él describan órbitas con un radio $R = mv/eB$. El campo magnético por sí solo únicamente proporciona la aceleración centrípeta que mantiene a la partícula en su órbita. Como la velocidad no cambia, su energía cinética permanece constante. Para conseguir impulsar a las partículas con velocidades cada vez mayores se utiliza una fuente de corriente

Vista aérea del acelerador lineal de Stanford (*Stanford Linear Accelerator Center*, SLAC), en Estados Unidos. La fotografía está tomada hacia 1968.

alterna, que actúa de modo similar a la de Wideröe en el acelerador lineal. En la figura 2 se presenta el esquema de uno de estos dispositivos. El disco por el que circulan las partículas está dividido en dos mitades llamadas «Dees», separadas por una distancia en la que el electrón se mueve en línea recta impulsado por un campo eléctrico. Este campo está generado por una fuente de corriente alterna sincronizada con el paso del electrón, de modo que nunca actúe desacelerándolo. Lawrence y Livingston construyeron una serie de ciclotrones que alcanzaban cada vez mayores energías: el de 28 cm, de 1932, alcanzaba el MeV, y el de 69 cm de la Universidad de California en Berkeley conseguía acelerar iones hasta los 5 MeV (véase la fotografía superior de la pág. 101). Aunque el ciclotrón presenta la ventaja de tener menor tamaño que un acelerador lineal, la energía que se puede alcanzar con él está limitada cuando las partículas alcanzan velocidades muy grandes. En estos casos, los efectos relativistas que incrementan el periodo de la órbita son apreciables, y terminan por romper la sincronía entre el paso de las partículas y los impulsos de la fuente de corriente alterna. Debido a esto, el ciclotrón no puede acelerar iones por encima de 25 MeV. Para resolver este problema se construyeron varios tipos de aceleradores circulares que funcionaban con campos magnéticos variables, como el *betatrón* (1940), o modificando las fuentes de aceleración para paliar los efectos relativistas, como el *microtrón* y el *sincrociclotrón*. Sin embargo, el modelo de acelerador circular con el que se consiguen mayores energías es el *sincrotrón*, aún de gran utilidad en muchos campos de la ciencia. En el sincrotrón el campo magnético se sincroniza con la energía de las partículas aceleradas, de modo que mantengan su radio de giro constante. Si además se aceleran protones cuya masa es unas 2000 veces mayor que la del electrón se consiguen energías del orden del GeV. El primer sincrotrón de protones es el Cosmotrón de Brookhaven (Estados Unidos), el cual, en 1952, consiguió acelerar protones hasta 3 GeV. Sin embargo, la aceleración centrípeta a la que están sometidas las partículas en las órbitas hace que a grandes velocidades emitan radiación electromagnética. Esta radiación, en la frecuencia de los rayos X, fue descubierta en 1947 y se denomina *radiación*

FIG. 2

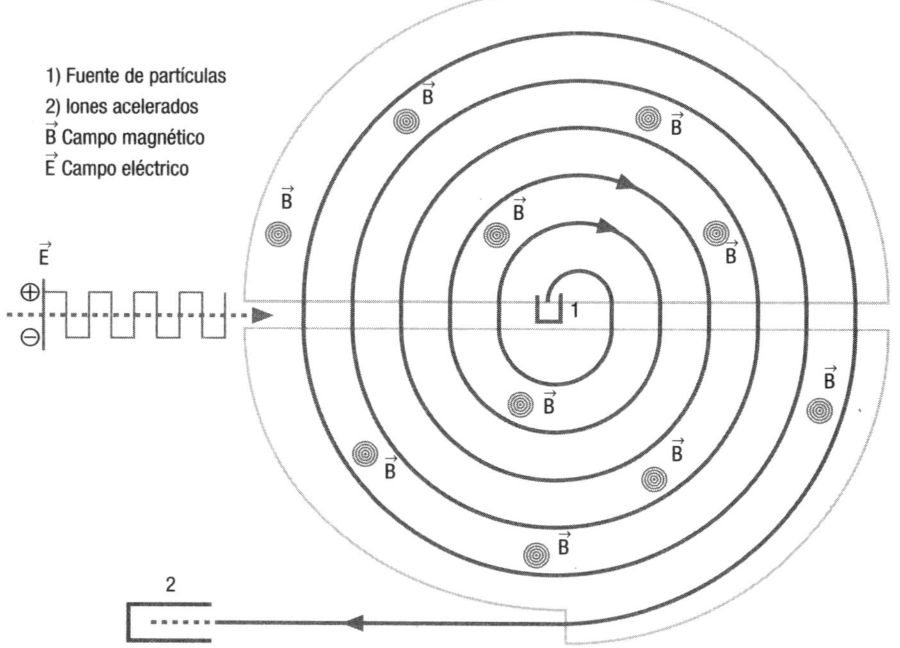

Esquema básico de funcionamiento de un ciclotrón. El campo magnético se dirige hacia fuera del plano de la figura y hace que las partículas cargadas describan círculos. Con el impulso recibido al pasar por la zona del campo eléctrico, las partículas adquieren energías cada vez mayores.

de sincrotrón. Aunque en un principio se consideró un problema por la pérdida de energía de la partícula, su utilidad en *espectroscopía* y *cristalografía* hace que en la actualidad se construyan sincrotrones solo para producir este tipo de radiación.

Los aceleradores descritos hasta ahora aceleran partículas que después se extraen para hacerlas colisionar con un blanco fijo. La colisión se produce, entonces, a la energía que adquiere la partícula en el acelerador. Sin embargo, produce un choque frontal de dos partículas aceleradas hasta la misma energía, con lo que se consigue duplicar la energía disponible para la producción de nuevas partículas.

Los grandes aceleradores actuales del CERN y el Fermilab (fotografía inferior de la página contigua) son *colisionadores* basados en ese principio. La precisión de la colisión se consigue acelerando partículas y antipartículas, ya que en campos electromagnéticos recorren trayectorias idénticas en sentidos opuestos. La producción y almacenamiento de las partículas que actúan como proyectil se realiza en los llamados *anillos de almacenamiento*. El primero de ellos fue construido en 1960 por Bruno Touschek. El más famoso es el del CERN, con un túnel circular de 27 km. En el experimento LHC se está consiguiendo acelerar protones hasta varios TeV (teraelectronvoltios) produciendo colisiones protón-antiprotón.

EL ZOO DE LAS PARTÍCULAS

Hasta finales de la década de los cuarenta no se conocían partículas más allá de los componentes del átomo, con la excepción del muon, encontrado en los rayos cósmicos, y del que ya hablamos en el capítulo 2. Sin embargo, la explicación de las fuerzas nucleares y la desintegración beta, con modelos inspirados en el electromagnetismo, parecían apuntar a la existencia de nuevas partículas. En 1933, Enrico Fermi elaboró una *teoría de la desintegración beta* basada en dos corrientes fermiónicas que se acoplan con una constante, llamada *constante de Fermi*, G_F. Esta teoría postula la existencia del *neutrino*, que sería un fermión neutro y con masa muy pequeña, necesario para explicar la conservación de la energía en la desintegración beta. En 1956, Clyde Cowan y Frederick Reines detectaron los neutrinos procedentes de un reactor nuclear mediante su colisión con protones: $\nu_e + p^+ \rightarrow n^0 + e^+$. Esta reacción deja una huella de dos fotones simultáneos, fáciles de identificar: uno como la aniquilación del positrón con un electrón, y el otro como la emisión gamma que sucede a la captura del neutrón por un núcleo.

Respecto de la fuerzas nucleares, Hideki Yukawa elaboró una teoría en 1934 en la que la interacción entre nucleones se producía gracias al intercambio de un bosón masivo al que denominó *me-*

En la fotografía de arriba, M. Stanley Livingston (izquierda) y Ernest O. Lawrence posan frente al ciclotrón de 69 cm ubicado en la Universidad de California, Berkeley, en 1934. Abajo, imagen del *Fermi National Accelerator Laboratory* (Fermilab), situado en Illinois. El anillo más alejado es el Tevatron, de 6,3 km de circunferencia. Es capaz de acelerar protones a una energía del orden de 1 TeV (1 000 GeV), y, por tanto, alcanzar el doble de dicha energía en las colisiones protón-antiprotón.

La naturaleza crea líneas curvas, mientras que los humanos las hacemos rectas.

HIDEKI YUKAWA

són, que en griego quiere decir «medio», porque su masa, en torno a los 100 MeV, sería intermedia entre la del electrón y el nucleón. Cuando se descubrió el muon, en 1937, se pensó que esta podría ser la partícula predicha por Yukawa, aunque pronto se vio que sus propiedades no eran las adecuadas. Sin embargo, en 1947 se descubrió el mesón π o pion, primero observado en los rayos cósmicos y después producido en aceleradores. Su masa de 140 GeV y su espín 0 lo harían encajar en la teoría de Yukawa. El muon, en cambio, es un fermión del tipo del electrón, pero mucho más masivo. Su desintegración en un electrón y neutrinos podría explicarse mediante el mecanismo de Fermi para la desintegración beta. En la actualidad ambas teorías han dado paso a otras mucho más generales. Sin embargo, como veremos, la constante de Fermi es clave para entender el mecanismo de la *interacción electrodébil*, mientras que la interacción entre fermiones con intercambio de un bosón se conoce como *interacción de Yukawa*, y es la clave para explicar la generación de masa en el modelo estándar.

La evolución de los aceleradores de partículas permitió, además de la observación detallada de las partículas descubiertas en los rayos cósmicos, descubrir muchas otras. En 1948, el sincrociclotrón de Berkeley produjo los primeros piones cargados artificiales, y a partir de ese año se descubrió una cantidad enorme de partículas no atómicas, sobre todo desde 1952, cuando entraron en funcionamiento aceleradores capaces de alcanzar energías superiores al GeV. La cantidad de ellas es tal que se denominaron colectivamente «el zoo de las partículas» subatómicas. La clasificación de estas nos dará algunas de las claves para entender las interacciones fundamentales. Antes de entrar en si estas partículas son elementales o agregados de otras partículas se pueden buscar propiedades comunes y clasificarlas como:

— Hadrones (del griego *hadrós*, «fuerte»): Partículas que experimentan interacción fuerte. Según su masa y espín se pueden dividir en:

a) Bariones (del griego *baris*, «pesado»): Partículas de espín semientero o fermiones. Los bariones los integran los *nucleones*, que son las partículas que están en el núcleo atómico, es decir, el protón y el neutrón, que tienen masas parecidas, y los *hiperones*, que no están en el núcleo y son más pesadas que los nucleones.

b) Mesones (del griego *mesos*, «medio»): Son bosones o partículas de espín entero, con masas intermedias entre los bariones y los leptones.

— Leptones (del griego *leptós*, «ligero»): Partículas que no experimentan interacción fuerte. Son los fermiones de espín 1/2 y pueden estar cargados, como el electrón, o ser neutros, como el neutrino. La primera partícula no atómica descubierta, el muon, encaja dentro de esta categoría.

La *vida media* de las partículas, τ, puede relacionarse con las interacciones que experimentan, ya que la vida media es proporcional a la *constante de acoplamiento*, α, que determina la fuerza asociada al tipo de interacción. De modo que $\tau \sim (1/\alpha)^2$. Si observamos las tablas de la pág. 105 podemos comparar tres tiempos característicos de vidas de partículas: el π^0, cuyo principal canal de desintegración es el electromagnético, $\pi^0 \rightarrow \gamma\,\gamma$, con una duración en torno a 10^{-16} s; el $\rho^0 \rightarrow \pi^- \pi^+$, en torno a los 10^{-22} s, y el $\pi^+ \rightarrow \mu^+ \nu_\mu$, en torno a los 10^{-8} s. La desintegración más rápida corresponde a la interacción más fuerte, que se caracteriza por la constante α_s, de modo que se puede establecer una relación $(\alpha_s / \alpha_{em}) \sim 10^3$. La interacción más débil es la asociada a la desintegración β, la cual se puede asociar a una constante α_W tal que $(\alpha_W / \alpha_{em}) \sim 10^{-2}$.

LOS NÚMEROS CUÁNTICOS B, L Y S

Según vimos en el capítulo anterior, existe una relación directa entre simetrías y cantidades conservadas, formalmente establecida por el teorema de Noether. Por ello, es muy importante buscar patrones comunes en los canales de desintegración. De este modo se pueden establecer grupos de partículas y buscar después simetrías que expliquen su composición. En una primera clasificación los hadrones se han dividido entre *bariones* y *mesones*. Cuando asignamos a cada barión un número bariónico $B = +1$, a los antibariones $B = -1$ y a mesones y fermiones $B = 0$ es posible observar que este número se conserva en todos los canales de desintegración de la tabla superior de la página siguiente. Del mismo modo, si a cada *leptón* se le asigna un número leptónico $L = +1$, $L = -1$ a su antipartícula y cero a los hadrones, este número se conserva en la desintegración de los mesones de la tabla.

En el apartado anterior hemos relacionado la vida de las partículas con la interacción que experimentan. Los números B y L no son suficientes para determinar la participación de una partícula en una interacción u otra. Por ejemplo, el barión Σ^- se produce mediante interacción fuerte en la reacción $\pi^- p \rightarrow K^+ \Sigma^-$ y, en cambio, se desintegra principalmente mediante la reacción $\Sigma^- \rightarrow n\pi^-$ con un tiempo de vida de 10^{-10} s, típico de la interacción débil. Otros bariones tienen vidas mucho más cortas, características de la interacción fuerte. Tal es el caso del $\Delta^-\ n \rightarrow n\pi^-$ que determina una vida para el Δ^- del orden de 10^{-23} s. Murray Gell-Mann e, independientemente, Kazuhiko Nishijima interpretaron estos datos gracias a la introducción de un nuevo número cuántico al que se denominó *extrañeza* (en inglés «*strangeness*»), y que se representa por la letra S. A cada hadrón se le asigna un valor de S que puede ser +1, 0, −1, el opuesto a su correspondiente antipartícula y 0 a los leptones. Así, se puede observar que la extrañeza se conserva en las interacciones fuertes y electromagnéticas pero no en las débiles. En la tabla inferior se puede observar que los bariones que se desintegran conservando S, como el multiplete de Δ's, tienen vidas medias cortas, correspondientes a la interacción fuerte, mientras que las que no conservan S son las típicas de la interacción débil. También se observa que los bariones Σ cargados decaen débilmente, ya que no existe ninguna partícula más ligera que ellos con $S = 1$; en cambio, el neutro puede decaer con interacción fuerte, porque la reacción $\Sigma \rightarrow \Lambda^0 \gamma$ conserva S y está permitida energéticamente.

MESONES Y ALGUNAS DE SUS PROPIEDADES						
Partícula	Símbolo	Masa en reposo MeV/c^2	*S*	I_3	Vida media	Canales de desintegración
Pion	π^+	139,6	0	+1	$2{,}60 \cdot 10^{-8}$	$\mu^+ \nu_\mu$
	π^-	139,6	0	–1	$2{,}60 \cdot 10^{-8}$	$\mu^- \nu_\mu$
	π^0	135,0	0	0	$0{,}83 \cdot 10^{-16}$	2γ
Kaon	κ^+	493,7	+1	+1	$1{,}24 \cdot 10^{-8}$	$\mu^+ \nu_\mu, \pi^+\pi^0$
	κ^-	493,7	–1	–1	$1{,}24 \cdot 10^{-8}$	$\mu^- \nu_\mu, \pi^- \pi^0$
	κ^0_s	497,7	+1	0	$0{,}89 \cdot 10^{-10}$	$\pi^+ \pi^-, 2\pi^0$
	κ^0_L	497,7	+1	0	$5{,}2 \cdot 10^{-8}$	$\pi^+ e^- \nu_e \pi^+ \mu^- \nu_\mu$
Eta	η	548,8	0	0	$5 \cdot 10^{-19}$	$2\gamma, 3\pi^0$
Eta prima	η'	958	0	0	$3 \cdot 10^{-21}$	$\pi^+ \pi^- \eta \mu^D \gamma$

BARIONES Y ALGUNAS DE SUS PROPIEDADES								
Partícula	Símbolo	Masa en reposo MeV/c^2	Espín	*B*	*S*	I_3	Vida media (s)	Canales de desintegración
Protón	*p*	938,3	1/2	+1	0	+1/2	Estable	—
Neutrón	*n*	939,6	1/2	+1	0	–1/2	920	$pe^- \nu_e$
Lambda	Λ^0	1 115,6	1/2	+1	–1	0	$2{,}6 \cdot 10^{-10}$	$p\pi^-, n\pi^0$
Sigma	Σ^+	1 189,4	1/2	+1	–1	1	$0{,}8 \cdot 10^{-10}$	$p\pi^0, n\pi^+$
	Σ^0	1 192,5	1/2	+1	–1	0	$6 \cdot 10^{-20}$	$\Lambda^0\gamma$
	Σ^-	1 197,3	1/2	+1	–1	–1	$1{,}5 \cdot 10^{-10}$	$n\pi^-$
Delta	Δ^{++}	1 232	3/2	+1	0	+3/2	$0{,}6 \cdot 10^{-23}$	$p\pi^+$
	Δ^+	1 232	3/2	+1	0	+1/2	$0{,}6 \cdot 10^{-23}$	$p\pi^0$
	Δ^0	1 232	3/2	+1	0	0	$0{,}6 \cdot 10^{-23}$	$n\pi^0$
	Δ^-	1 232	3/2	+1	0	–1/2	$0{,}6 \cdot 10^{-23}$	$n\pi^-$
Xi	Ξ^0	1 315	1/2	+1	–2	+1/2	$2{,}9 \cdot 10^{-10}$	$\Lambda^0\pi^0$
	Ξ^-	1 321	1/2	+1	–2	–1/2	$1{,}64 \cdot 10^{-10}$	$\Lambda^0\pi^-$
Omega	Ω^-	1 672	3/2	+1	–3	0	$0{,}82 \cdot 10^{-10}$	$\Xi^0\pi^-, \Lambda^0K^-$

LOS GRUPOS DE SIMETRÍA EN LA FÍSICA DE PARTÍCULAS

Las simetrías permiten relacionar partículas con propiedades comunes. Matemáticamente, un grupo se define como un conjunto de elementos con una operación que transforma unos en otros, la cual cumple la propiedad asociativa y tiene un elemento neutro. En matemáticas el concepto de grupo puede mantenerse en su aspecto formal, sin necesidad de precisar cómo se define la operación del grupo sobre funciones u otros objetos que representen a los elementos del grupo. Sin embargo, en física estamos interesados en plasmar las propiedades del grupo en operadores que actúan sobre partículas o propiedades de estas. Por ello precisamos saber cómo se representan estos grupos en los espacios en los que aquellas están definidas.

Un grupo finito contiene un conjunto de elementos con una operación que convierte a unos en otros. Mediante ellos se pueden expresar simetrías discretas, tales como la conjugación de la carga C y la paridad P. La *conjugación de la carga* transforma a una partícula en su antipartícula. Formalmente, se asocia con un grupo de dos elementos, $\{C, I\}$, donde I es la identidad y C es un elemento tal que $C^2 = I$. Para su uso en cálculos, los elementos del grupo deben tomar la forma de un operador que actúa sobre las funciones que representan los campos. Por ejemplo, cuando se aplica a fermiones, C puede expresarse como una combinación de las matrices de Dirac del capítulo 3. De la misma manera, la *paridad* P es una simetría que transforma un objeto en su imagen especular. Por ejemplo, la letra A es invariante a la paridad, mientras que la P no lo es. La paridad actúa sobre una función cambiando el signo de las coordenadas espaciales. Por ejemplo, si colocamos un espejo en la posición $x = 0$, la imagen de los objetos colocados a una distancia x aparece en la posición $-x$.

Las interacciones fuertes y electromagnéticas son invariantes a las simetrías C y P. Las débiles violan ambas por separado, pero conservan la simetría conjunta CP. La violación de la simetría CP se ha observado en el sistema de *kaones* neutros, ya que uno no es la antipartícula del otro, como sucede con el resto de las partículas neutras. Otra simetría discreta es la inversión temporal, T, que equivale a cambiar la variable temporal t por su opuesta $-t$. La violación conjunta CPT nunca ha sido observada.

Un tipo especial de grupos son los *grupos continuos*. Estos tienen infinitos elementos que se pueden expresar en función de unos parámetros que pueden variar de un modo continuo. Un ejemplo es el de las rotaciones en el espacio. Estas se pueden poner en función de los ángulos de rotación, y el producto de dos rotaciones es otra rotación. Los grupos de este tipo se llaman *grupos de Lie*, en honor a su inventor Sophus Lie (1842-1899), y tienen la propiedad de que, si asigna el elemento unidad o neutro del grupo al valor cero de los parámetros, cualquier elemento del grupo se puede construir como una sucesión de rotaciones de ángulos infinitesimales. Por ejemplo, las rotaciones en el espacio tridimensional pueden construirse a partir de tres ángulos de rotación en torno a tres ejes. A cada uno de ellos se le asocia un operador, J_i, $i = 1, 2, 3$, que se denomina *generador del grupo* y se puede representar por una matriz 3×3. El conjunto de estos tres generadores forma un álgebra con la J_i propiedad $[J_a, J_b] = J_a J_b - J_b J_a = -i f_{abc} J_c$, donde los f_{abc} son coeficientes completamente antisimétricos ante la permutación de índices. Este tipo de álgebra se denomina *álgebra de Lie*.

El propio modelo estándar de las interacciones fundamentales asocia cada una de estas a un grupo de Lie, de modo que el modelo se expresa como el producto de los tres grupos del tipo unitario, $SU(3) \times SU(2) \times U(1)$. Un grupo unitario lo forman las matrices unitarias, esto es, matrices tales que al multiplicar una de ellas, U, por su conjugada, U^+, verifica $UU^+ = U^+U = 1$. El especial unitario lo forma el conjunto de matrices unitarias con determinante 1. Si las matrices operan en un espacio de dimensión n, el grupo especial unitario asociado a este espacio es $SU(n)$. Cada elemento del grupo se construye con $n^2 - 1$ parámetros independientes, que son los que se requieren para formar los $n \times n$ elementos de una matriz compleja, U, con las propiedades anteriores. Cada uno de estos parámetros lleva asociado un generador del álgebra de Lie del grupo. Los grupos se definen de un modo abstracto. La manera de expresar los elementos del grupo y sus generadores como operadores matemáticos se denomina *realización* o *representación del grupo*, y la dimensión del espacio donde se construyen esos operadores es la *dimensión de la representación*. La representación en un espacio de dimensión n se denomina representación de definición del grupo o *fundamental*. En ella los elementos del grupo son matrices de dimensión $n \times n$. Sin embargo, no es la única manera de representar al grupo. También se podría hacer, por ejemplo, en un espacio en que cada parámetro independiente sea la componente de un vector. Por tanto, la representación sería de dimensión $n^2 - 1$. En física, más allá de las propiedades de los elementos del grupo y los aspectos formales de la teoría de grupos, interesan las representaciones de estos, ya que las partículas que experimentan la interacción se asocian a vectores en el espacio de la dimensión de la representación, sujetas a interacciones que se expresan a través de los generadores de su álgebra de Lie. Los generadores diagonales tienen especial interés, porque sirven para asignar números cuánticos a las partículas asignadas a la representación del grupo. El número de generadores diagonales es característico de cada grupo y se denomina *rango del grupo*.

El espín no es la única aplicación del grupo $SU(2)$ en el contexto del modelo estándar. Este grupo también se aplica para definir el *isospín*, del que hablaremos en la próxima sección, y la carga electrodébil del modelo estándar, que trataremos más adelante.

SU(3) Y LOS QUARKS

El grupo $SU(2)$ se intentó utilizar para explicar las fuerzas nucleares. La idea surgió porque el protón y el neutrón se comportan de una manera muy similar ante la interacción fuerte, además de tener masas muy parecidas. Por tanto podrían ocupar los dos estados de la representación fundamental de $SU(2)$, formando un doblete. A este doblete se le asigna un nuevo número cuántico al que, en principio, se llamó *espín isobárico* y que con el tiempo pasó a llamarse isospín, al que designaremos como I. De este modo al doblete protón-neutrón se le asigna $I = 1/2$, tal que el protón corresponda al estado de $I_3 = +1/2$ y el neutrón a $I_3 = -1/2$.

Cuando se descubrieron los piones π^-, π^0 y π^+, se les asignó a la representación tridimensional de $SU(2)$ $I=1$, con valores de $I_3=-1, 0, +1$, respectivamente. Sin embargo, para explicar las propiedades de las nuevas partículas descubiertas a partir de 1950 se precisaba introducir el número cuántico de extrañeza S. Esto no es posible con $SU(2)$, ya que solo disponemos de un generador diagonal que ya se ha utilizado para el isospín. Por tanto se requiere un grupo de mayor rango; $SU(3)$ tiene rango 2, por lo que sería un buen candidato.

> **De entre todas las disciplinas matemáticas, la teoría de las ecuaciones diferenciales es la más importante... Proporciona la explicación de todas esas manifestaciones elementales de la naturaleza que involucran el tiempo.**
>
> **Sophus Lie**

La introducción de un número cuántico denominado *hipercarga*, definido como la suma del número bariónico y la extrañeza $Y=B+S$, hace posible establecer y relacionar los números cuánticos con los que se han clasificado las partículas con su carga Q, de modo que: $Q=I_3+Y/2$, donde I_3 es la tercera componente del isospín de la partícula. Partiendo de las partículas descubiertas hasta 1961, Gell-Mann y Ne'eman agruparon los mesones y los bariones con el mismo espín en el plano (I_3, Y). Los bariones de espín 1/2 y los mesones de espines 0 y 1 se agrupan en conjuntos de 8 miembros, lo que se conoce como *regla del octete*. Los bariones de espín 3/2 forman un *decaplete*. Todas estas agrupaciones encajarían en representaciones de dimensión 8 y 10 de $SU(3)$. Aunque en 1961 el barión *omega* aún no se había descubierto, el éxito de esta clasificación quedó patente cuando en 1964 se le encontró con la misma masa y propiedades de los mesones de la representación de $SU(3)$ en la que encajaba. Sin embargo, $SU(3)$ solo es una simetría aproximada ya que las masas de las partículas de cada representación deberían ser parecidas, lo cual no se cumple siempre (por ejemplo la masa del pion es tres veces inferior a la del kaón). Pero lo que es más sorprendente es que la representación fundamental de $SU(3)$, que es la de dimensión 3, no se ha asignado a ninguna terna de partículas. Como las representaciones de mayor dimensión se construyen a partir de la fundamental, podríamos pensar que los hadrones son agregados de partículas elementales (que serían los *quarks*). Aunque estos no habían sido vistos, los patrones de $SU(3)$ observados en la clasificación de los hadrones parecían un indicio de su existencia.

El modelo de los quarks fue establecido por Murray Gell-Mann y George Zweig en 1964. Según este modelo, las partículas conocidas hasta entonces se explicarían como agregados de tres fermiones de espín 1/2 y cuya carga eléctrica sería una fracción de la carga del electrón. El término quark se atribuye a Gell-Mann, quien lo sacó de la novela *Finnegans Wake* de James Joyce. Los quarks serían una terna formada por el *up*, *down* y *strange*, los cuales se abrevian como u, d y s respectivamente; estos encajarían en la representación fundamental de $SU(3)$ y se les asignarían los números cuánticos de la tabla siguiente:

Quark	Símbolo	Espín	Q	B	S
up	u	1/2	+2/3	1/3	0
down	d	1/2	−1/3	1/3	0
strange	s	1/2	−1/3	1/3	−1

Sus correspondientes antipartículas serían los *antiquarks* que encajan en la representación conjugada $\overline{3}$ y a los que se asignan números cuánticos opuestos a los de los quarks. Con ello los hadrones se pueden interpretar como agrupaciones de quarks y se pueden redefinir a partir de ellos:

— Mesones: Combinaciones de quark-antiquark, $q\,\overline{q}$. Sus representaciones se obtienen mediante el producto $3 \otimes \overline{3} = 1 \oplus 8$. De este modo se obtienen el octete de espín 0 de la tabla y el singlete η'.

— Bariones: Combinaciones de tres quarks, obtenidas a partir del producto $3 \otimes 3 \otimes 3 = 10 \oplus 8 \oplus 8 \oplus 1$. Lo cual se corresponde con el decuplete de espín 3/2 y octete de espín 1/2.

Con este *modelo del sabor* los quarks aparecen como las piezas de «lego» con las que se pueden construir todos los hadrones. Y así se explican con éxito las relaciones de masa entre las partículas en el mismo multiplete, mediante la *fórmula Gell-Mann-Okubo*. También los momentos magnéticos de cada partícula se explican como la combinación de los momentos magnéticos de cada uno de los quarks que la componen. Esto es realmente importante porque explica que el neutrón tenga momento magnético, μ_n, en lugar de ser nulo como se esperaría de una partícula neutra sin estructura. En cambio si el neutrón está compuesto de quarks cargados adquiere un μ_n que es combinación de los de sus componentes. De este modo, según el modelo de quarks la relación entre los momentos magnéticos del neutrón y el protón debe de ser: $\mu_n/\mu_p = -2/3$, la cual concuerda muy bien con el valor medido experimentalmente de $-0{,}6849745 \pm 0{,}00000058$.

A pesar de su éxito, el modelo de los quarks es insuficiente para establecer la estructura de las partículas; algunos de sus problemas son:

— Los quarks tienen cargas fraccionarias mientras que todas las partículas conocidas tienen carga entera. El más ligero de ellos debería de ser estable y haber dejado alguna señal experimental.

— Las únicas asociaciones de quarks observadas son de los tipos $q\bar{q}$ y qqq. Puesto que los quarks son fermiones, las asociaciones de tres quarks idénticos violarían la conexión espín-estadística (dos fermiones idénticos no pueden ocupar el mismo nivel energético). Esto sería manifiesto en partículas de momento angular 3/2, como el hiperón Δ^{++}, que estaría formado por los quarks *uuu*. Dos de estos quarks podrían estar en estados con $S_z = +1/2$ y $-1/2$, pero el tercero necesariamente coincidiría con uno de ellos.

Por estas razones se pensó en un número cuántico nuevo que explicase por qué no se detectan quarks individuales y sirviese para distinguir los quarks del mismo sabor. Este número cuántico se llama *color* y el modelo estándar lo incorpora con éxito no solo para resolver el problema de las asociaciones de quarks sino también para explicar la interacción fuerte. El grupo $SU(3)$ de sabor, a pesar de su gran trascendencia para comprender la naturaleza de las partículas elementales, no es el $SU(3)_C$ de color que forma parte de la definición de modelo estándar.

CAPÍTULO 6

Las teorías de las interacciones fuerte y electrodébil

Las interacciones fuerte y débil son explicadas mediante el intercambio de bosones, de manera análoga a la electromagnética. Por esta razón, las tres interacciones se acabarán integrando en un mismo modelo: el modelo estándar de las interacciones fundamentales. La sorprendente verificación experimental de sus predicciones favorecerá su sólida implantación.

En este capítulo se presenta la formulación de las teorías que explican las interacciones fuerte y débil según el ME. Ambas se identifican con el grupo de simetría en el que se basan, $SU(3)_C$ y $SU(2)_L \times U(1)_Y$, respectivamente, lo que indica la importancia de las simetrías en la fundamentación de la teoría. En el capítulo 4 se explicó cómo las teorías de campos se desarrollan a partir de un lagrangiano que representa la energía de los campos asociados a una interacción. En el caso de la electrodinámica cuántica (QED) se consiguen explicar los datos experimentales con una precisión extraordinaria. En este capítulo se buscan asimismo teorías análogas para las interacciones débil y fuerte. Para ello se buscan simetrías que relacionen las partículas que experimentan la interacción con los campos bosónicos que la propagan. Este es el papel del fotón en la QED, mientras que los bosones asociados a las otras interacciones, gluones y bosones W y Z, no tienen un análogo previo. Sin embargo, la evidencia experimental de su existencia sirve de prueba de la corrección del modelo.

En la década de 1960 había suficientes datos experimentales como para conocer la estructura de las interacciones débil y fuerte. En el capítulo 5 vimos cómo la clasificación de las nuevas partículas permitía relacionar unas con otras mediante grupos de simetría como $SU(3)$. Este tipo de simetrías, llamadas *globales*, porque sus parámetros no dependen del espacio-tiempo, sirvieron para postular la existencia de los quarks. Sin embargo, no explicaban cómo les afecta la interacción fuerte o débil. Las teorías del tipo *Yang-Mills* parten de esa simetría, pero la consideran local (es decir, dependiente del espacio-tiempo) y con ello introducen campos bosónicos que explican la mecánica de la interacción.

Los nuevos modelos predijeron multitud de señales experimentales, lo que propiciaría el desarrollo de la experimentación. Con la explicación de las interacciones fuertes y débiles, como las teorías Yang-Mills o gauge, el ME quedó formulado en su forma actual. Las nuevas partículas postuladas por este se han ido descubriendo a medida que se ha incrementado la energía de experimentación. Con el descubrimiento del *bosón de Higgs* en 2012 el modelo ha quedado completamente establecido.

EL COLOR DE LOS QUARKS

La teoría de los quarks de tres sabores consiguió organizar el zoo de las partículas descubiertas hasta 1960. Aun así, dejaba dudas acerca del mecanismo de agregación de los quarks para formar los hadrones: ¿por qué no existen las partículas con solo un quark?, ¿por qué existen estados de tres quarks idénticos? Estos problemas pueden resolverse introduciendo un nuevo número cuántico que distinga quarks del mismo «sabor», y este es el llamado *color*.

El color fue introducido en 1965 por Moo-Young Han y Yoichiro Nambu e, independientemente, por Oscar W. Greenberg. Por cada estado de sabor habría tres de color: R (*red*, rojo), G (*green*, verde) y B (*blue*, azul). De este modo, los tres quarks de hadrones como el Δ^{++} no serían idénticos, con lo que no se violaría la conexión espín estadística. Los colores encajarían en el grupo $SU(3)_C$, al que colocamos el índice C para distinguirlo del grupo de sabor mencionado en el capítulo anterior. La no observación

FIG. 1

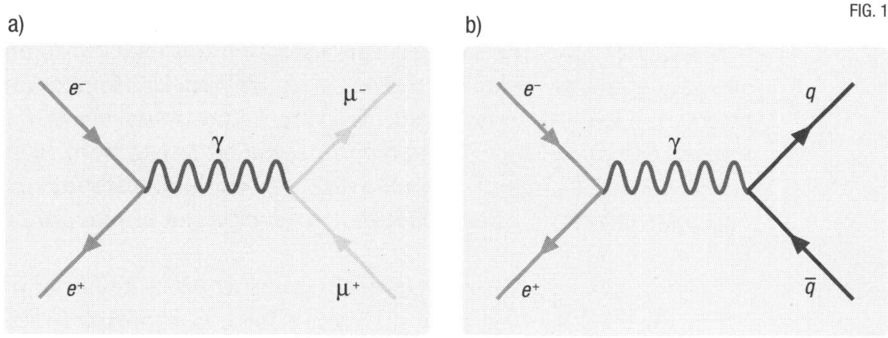

Producción electromagnética de fermiones a partir de una colisión electrón-positrón (e^+e^-). La interacción es mediada por un fotón (γ), de modo que la sección eficaz es proporcional al producto de la carga de las partículas que concurren en cada vértice. De este modo, la producción de muones ($\mu^+\mu^-$) en a) es proporcional al cuadrado de la carga del electrón, mientras que en la de quarks ($q\bar{q}$) en b) esta aparece reducida por la fracción de la carga del quark 1/3 para los down o 2/3 para los up.

de quarks aislados hace pensar que el color no aparece como propiedad de una partícula libre, como ocurre con la carga. De este modo, los quarks solo aparecen formando hadrones, que son amalgamas de ellos sin color neto. En el lenguaje de grupos de simetría esto significa que las asociaciones de quarks son singletes de color, esto es, representaciones de dimensión 1. Por esta razón, los mesones, formados por parejas quark-antiquark ($q\bar{q}$), encajarían en los productos $3\otimes\bar{3}=1\oplus...$, y los bariones, formados por tres quarks (qqq), aparecerían en los productos $3\otimes3\otimes3=1\oplus...$ donde los puntos suspensivos indican representaciones de mayor dimensión que corresponderían a partículas «coloreadas».

Las cargas fraccionarias de los quarks parecen un misterio. En cambio, es posible observarlas en la producción de hadrones como consecuencia de colisiones e^+e^-, como se indica en la figura 1. Si bien la carga de los hadrones es entera, estos son resultado de recombinaciones de quarks producidos por pares en la interacción electromagnética. La sección eficaz en colisión $e^+e^-\rightarrow f\bar{f}$ es proporcional al cuadrado de la carga del fermión saliente f. Por tanto, la relación entre la producción de quarks, de carga fraccionaria $e_q Q_e$ (donde Q_e es la carga del electrón y e_q la fracción de carga de cada quark), y muones de carga entera igual a Q_e, es proporcional al cuadrado de la fracción de la carga del electrón que portan los quarks e_q^2. Recordemos que e_q puede tomar el valor de 1/3 o 2/3 según el tipo de quark. Por consiguiente, comparando la producción de hadrones con la de muones se puede ver la huella de las cargas fraccionarias de los quarks:

$$R = \frac{\sigma(e^+e^- \to \text{hadrones})}{\sigma(e^+e^- \to \mu^+\mu^-)} = \frac{\sum_q \sigma(e^+e^- \to q\bar{q})}{\sigma(e^+e^- \to \mu^+\mu^-)} = 3\sum_q e_q^2,$$

donde las sumas se extienden a todos los tipos de quark que forman los hadrones. El factor de 3 se debe a que cada quark aparece en 3 colores que se cuentan individualmente. La cantidad R toma el valor 2 cuando en los hadrones resultantes intervienen los tres sabores de quark, u, d y s, de los que hemos hablado hasta ahora. Los experimentos confirman ese valor. Además, la concordancia sigue siendo buena cuando la energía de la colisión es suficiente para obtener otros tipos de quarks más pesados de los que hablaremos más adelante. Por ejemplo, con el sabor *charm* (encanto), con $e_q = 2/3$, R pasa a ser 10/3, y cuando la energía hace accesible el sabor siguiente, el *bottom* (fondo), con $e_q = 1/3$, $R = 11/3$.

EL COLOR Y LA INTERACCIÓN FUERTE

Hasta ahora hemos visto que la simetría $SU(3)_c$ explica cómo los hadrones pueden considerarse agregados de quarks. De alguna manera, esta simetría debe de estar asociada a la interacción fuerte y explicar así tanto el mecanismo que hace que se formen los hadrones a partir de los quarks como por qué estos nunca aparecen individualmente como partículas libres. Puesto que el mecanismo de intercambio de bosones explica muy bien la interacción electromagnética, tal vez un esquema parecido sea aplicable a la interacción fuerte.

En la QED la interacción electromagnética se describe a partir de una función de los campos asociados a las partículas portadoras de carga, el electrón y su antipartícula, el positrón, y el del bosón asociado a la interacción, el fotón. Esta función se denomina lagrangiano. En el capítulo 4 se explicó cómo se llega a ella a partir de la cuantización del electromagnetismo clásico, perfectamente establecido con las ecuaciones de Maxwell. Para describir las otras interacciones es preciso encontrar funciones parecidas que incluyan un mecanismo para la interacción. En estos casos no contamos con un modelo clásico que cuantizar. Sin embargo, las simetrías pueden servir de guía.

Podemos comenzar por investigar cómo se puede describir la QED a partir de sus simetrías y después extender el modelo a las otras interacciones. En este caso, la simetría $U(1)$ de la función de onda $\psi \rightarrow \psi' = e^{i\alpha}\psi$ se puede combinar con la libertad gauge en la elección del potencial electromagnético que define el fotón. Para ello, el parámetro α de la simetría $U(1)$ se convierte en una función del espacio-tiempo, $\alpha(x,t)$, y a partir de él se define un bosón, llamado *bosón gauge*, tal que su interacción con las partículas cargadas mantiene la simetría en todos los puntos del espacio. Este bosón gauge puede identificarse con el fotón. En el caso de la interacción fuerte, aunque no tenemos una teoría clásica en la que apoyarnos, existe una simetría de referencia: la $SU(3)_c$. Siguiendo el ejemplo de la simetría $U(1)$ de la QED se puede idear un modelo para la interacción del color de una manera análoga al de la carga eléctrica. En el caso de la QED el concepto de teoría gauge se establece para un grupo conmutativo o abeliano con un solo parámetro. En 1954 Chen Ning Yang y Robert Mills extendieron el concepto a grupos no abelianos, en los que la simetría se define a partir de varios parámetros, como los $SU(n)$, en un intento de explicar las otras interacciones. En principio la idea no tuvo gran éxito. Sin embargo, la abundancia de datos experimentales de esa década hizo que se aplicase con éxito para explicar la interacción electrodébil y posteriormente a las interacciones fuertes. Por simplicidad comenzamos por introducir la interacción fuerte como una teoría del tipo Yang-Mills, puesto que en este caso la simetría $SU(3)$ en la que se basa se mantiene en todo el espectro de energías. En cambio, la de la electrodébil se basa en una simetría $SU(2) \times U(1)$ que se rompe a bajas energías, como explicaremos en las secciones siguientes.

La teoría que describe los quarks y la interacción fuerte como una teoría gauge o del tipo Yang-Mills se denomina *cromodinámica cuántica*, a la que abreviaremos como QCD (del inglés *Quantum CromoDynamics*) y fue introducida en la década de 1970 a partir de los trabajos de David Politzer y de los de Frank Wilczek junto con David Gross. Se basa en el grupo $SU(3)_c$ de color, que no debemos confundir con el grupo de $SU(3)_f$ de sabor de Gell-Mann. Las diferencias entre el uso de la simetría en uno y otro caso nos pueden servir para entender la QCD. La simetría de sabor, $SU(3)_f$, sirve para clasificar a los hadrones en las representaciones de dimensión 8 y 10 de este grupo, las cuales resultaban de componer los tres sabores de los quarks (u, d, s) de la representación fundamental. La simetría de sabor no se utiliza como teoría gauge, puesto que el sabor no se asocia a una interacción. En QCD la simetría $SU(3)_c$ se aplica a tres estados de color de un mismo quark. La teoría se convierte en una teoría gauge introduciendo bosones que actúan sobre la carga de color produciendo la interacción fuerte.

En QCD los quarks son las partículas que forman la materia, y además de carga eléctrica portan también una carga de color que puede ser de tres tipos: *R (red)*, *B (blue)* y *G (green)*. Sus antipartículas son los antiquarks con cargas opuestas: $\bar{R}$, $\bar{B}$, $\bar{G}$. Cada quark formaría un triplete de tres colores, $q_T = (q_{c1}, q_{c2}, q_{c3})$, el cual sería invariante ante las transformaciones de color U, $q_T \to U(\alpha_a)\, q_T$, que son las matrices unitarias que forman la representación fundamental del grupo $SU(3)$. Cada una de ellas depende de 8 parámetros, α_a, con $a = 1, 2, ..., 8$. La simetría se convierte en una teoría gauge asignando a cada parámetro un bosón gauge. Estos son los 8 gluones G^a, responsables de la interacción fuerte. De modo que la interacción fuerte se representa por una interacción del tipo $g_s q_{\bar{C}} G_{C\bar{D}} q_D$, donde los índices C y D representan los tres colores y g_s es la constante de acoplamiento fuerte, que es común para todos los gluones (es decir, no hay colores más intensos que otros). La interacción de color se puede describir de un modo similar a la electromagnética. En esta, un fermión incidente de carga Q interactúa por medio de un fotón produciendo un fotón saliente con carga Q. La carga del fotón es nula, puesto que es la diferencia entre la entrante y la saliente. Sin embargo, la interacción fuerte puede cambiar el color, y eso solo puede hacerse con gluones coloreados. Supongamos un quark entrante de color R que interactúa con un gluon produciendo un quark de color B. Para que la interacción preserve la carga de color los gluones tienen que ser bicolor, en este caso, portar los colores $R\bar{B}$. Aunque con tres colores podemos formar 9 combinaciones color-anticolor, solo hay 8 gluones con los que identificarlas. Seis pueden ser gluones que cambian de color del quark con el que interactúan ($G_{R\bar{B}}, G_{R\bar{G}}, G_{B\bar{G}}$ y los correspondientes $G_{B\bar{R}}, G_{G\bar{R}}, G_{G\bar{B}}$) y dos combinaciones del tipo $C\bar{C}$ que no cambian de color.

> **Nos sentimos arrastrados por la habitual curiosidad insaciable del científico, y nuestro trabajo es un juego delicioso.**
>
> **Murray Gell-Mann**

Como los gluones tienen color pueden interactuar entre ellos, mientras que esto no es posible entre fotones, ya que no portan carga. La interacción entre gluones es muy importante, puesto que entra en la determinación del cambio de la constante de acoplamiento $\alpha_s = g_s^2/4\pi$ con la energía, de modo que α_s disminuye a medida que aumenta la energía. Este fenómeno se llama *libertad asintótica* y hace que los quarks puedan liberarse de los hadrones y generar «chorros» de partículas denominados *jets*. En cambio, a energía del orden de la masa del protón, α_s se vuelve muy grande, lo que nos da idea del confinamiento de los quarks, aunque aún no hay una teoría definitiva que lo explique. La constante α_{em} aumenta con la energía, pero mucho más lentamente. Su valor a energías del orden de la masa del protón es de 1/137. Cuando la energía sube en torno a los 100 GeV, aumenta hasta 1/128. En cambio, α_s se hace tan grande a baja energía que los cálculos no pueden expresarse como una serie de potencias de α_s, en cambio su valor pasa a ser de 0,12 para energías en torno a los 100 GeV.

FIG. 2

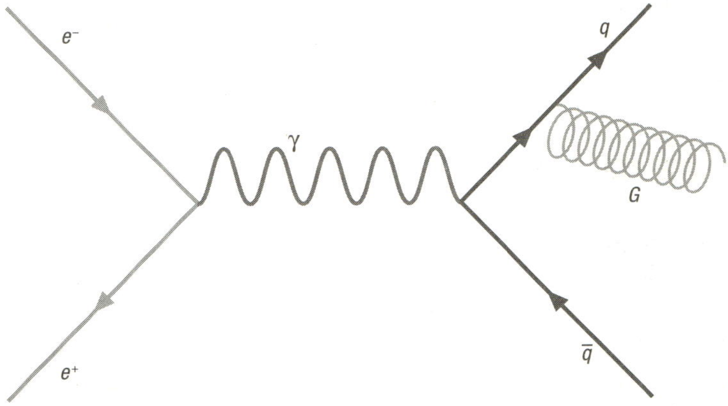

Producción de gluones (G) a partir de los quarks (q) resultantes de procesos de aniquilación de pares electrón-positrón con la mediación de un fotón (γ), $e^+e^- \rightarrow q\bar{q}\,G$. Cuando la energía de la colisión es lo suficientemente grande, es posible generar un gluon a partir de uno de los quarks.

Los términos responsables de la masa de las partículas contienen dos campos. Ni en QED ni en QCD es posible tener combinaciones de dos bosones gauge, del tipo AA o GG, ya que no respetan la simetría de la teoría y, por tanto, ninguno de ellos tiene masa.

Hasta ahora hemos aportado buenos argumentos teóricos en favor de la QCD, pero del mismo modo que en la QED se observan los fotones «a simple vista», los gluones deberían aparecer. Esto es posible, puesto que podrían ser emitidos por los quarks. Según la figura 2, un quark suficientemente energético puede emitir un gluon y cambiar de color. Experimentalmente, la señal de un quark en un detector es un «jet» de partículas depositadas en el detector que procede de la cascada de hadrones producidos por el quark al interaccionar con dicho detector. En la figura 1 presentamos la producción de parejas $q\bar{q}$ en colisiones e^+e^-. Estos se detectan como dos *jets* que toman direcciones opuestas, puesto que el momento total es nulo (ya que el del e^+ es igual y opuesto al del

e^-) y ha de conservarse tras la colisión. Sin embargo, al aumentar la energía de la colisión, uno de los quarks es capaz de cambiar de color liberando un gluon como se muestra en la figura 2. Este a su vez produce otro *jet* en el mismo plano, por lo que la observación experimental sería un evento de tres *jets*.

LA INTERACCIÓN DÉBIL

La desintegración β nuclear es la primera manifestación de la interacción débil. Poco después de que Pauli postulase la existencia del neutrino como partícula necesaria para conseguir cuadrar el balance energético de este tipo de reacción nuclear, Fermi propuso una teoría de la desintegración β. El modelo de Fermi consiste en la interacción de cuatro fermiones con una intensidad determinada por la constante G_F, conocida como *constante de Fermi* (figura 3). La interacción débil se asoció a desintegraciones de partículas como el $\pi^- \rightarrow \mu^-\bar{\nu}_\mu$ y $\mu^- \rightarrow e^-\bar{\nu}_e\nu_\mu$, puesto que su tiempo de vida es mucho mayor que los característicos de las partículas que se desintegran por medio de la interac-

FIG. 3

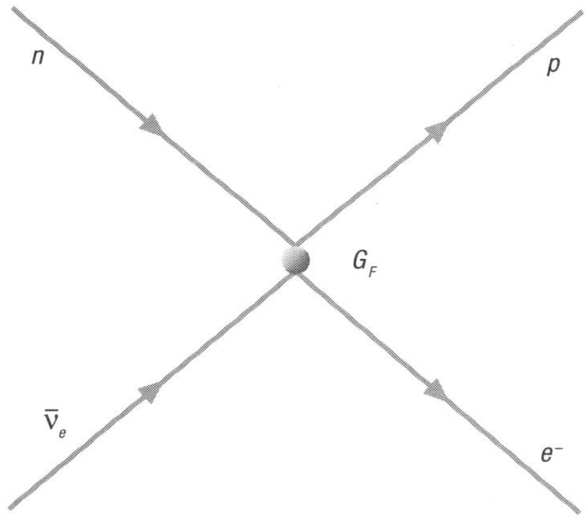

Esquema del modelo de Fermi de la desintegración β. Una corriente protón-neutrón interactúa con una corriente neutrino-electrón con una intensidad G_F.

LA NO CONSERVACIÓN DE LA PARIDAD EN LA DESINTEGRACIÓN β

La paridad P es la simetría asociada a la inversión espacial, $Pf(x,y,z) \rightarrow f(-x, -y, -z)$. Algunas cantidades cambian de signo con la paridad, por ejemplo la posición y la velocidad de un punto. En cambio, el momento angular asociado al sentido de un giro, $\vec{L} = \vec{r} \times \vec{p}$, no cambia con la paridad. En la Tierra, la paridad relaciona un punto con su antípoda.

El caso de la interacción débil

En las reacciones mediadas por las interacciones fuertes y electromagnéticas no se observan productos en los que haya direcciones favorecidas. Por tanto, la paridad se conserva. Esta propiedad se puede expresar asignando a cada partícula una paridad (+1) o (−1), y a un sistema de varias partículas el producto de la paridad de cada una de ellas. Con esto se observa que la paridad de los productos iniciales se mantiene en los finales. En las interacciones débiles esto es más difícil de observar, porque los neutrinos no se detectan. Sin embargo, con el descubrimiento de los mesones se observaron desintegraciones débiles no leptónicas, es decir, en otros mesones, por tanto, sin neutrinos en el estado final. En el caso del kaon positivo se descubrieron dos de estos canales, uno en tres piones y otro en dos. Puesto que el pion tiene paridad negativa, en principio se pensó que cada canal correspondía a partículas distintas, lo cual es extraño, porque ambas se corresponden con partículas de la misma masa, carga y espín. Dos profesores de la Universidad de Columbia en Estados Unidos, Tsung-Dao Lee y Chen Ning Yang, en 1956, postularon que en lugar de tratarse de dos partículas distintas quizá fuese la paridad lo que no se conservase en la desintegración débil. Chien-Shiung Wu, también profesora en esa universidad, aceptó el reto de buscar una prueba experimental directa de ello.

Merecía el Nobel

El experimento de Wu se basa en observar si hay una dirección de salida favorita de los electrones producidos en la desintegración β. Para comprobarlo utilizó átomos de cobalto-60 (Co-60), los cuales, sometidos a un campo magnético intenso, $\vec{B}$, orientan sus momentos angulares en la dirección de este. El Co-60 es un emisor β, se desintegra formando níquel-60 (Ni-60) y emitiendo un electrón y un neutrino. El momento angular del Co, $J=5$, debe conservarse, por lo que el de los productos debe sumar esa cantidad. Para el Ni, $J=4$, por lo que el e^- y el ν tienen que sumar 1. Para ello, los espines de ambos deben de apuntar en la dirección de $\vec{B}$. En estas condiciones es posible determinar la conservación de la paridad. Si esta se conserva, por cada electrón emitido en una dirección puede existir su «antípoda» en la dirección opuesta, con velocidad opuesta pero con el mismo momento angular (ya que este es invariante a la paridad). Por tanto, la conservación del momento angular permite ambas direcciones. En el experimento solo se observaron electrones emergentes en dirección opuesta al campo $\vec{B}$, fuese cual fuese la dirección de este (véase la figura), mientras que los fotones emitidos en desexcitación del Ni* sí están distribuidos simétricamente. Con ello se llega a la conclusión de que solo se emiten electrones cuyo momento está orientado en la dirección opuesta a su momento angular, y no sus «antípodas». T.D. Lee y C.N. Yang obtuvieron el premio Nobel en 1957, aunque son muchas las personas que aún se sorprenden de que Wu no lo compartiese con ellos.

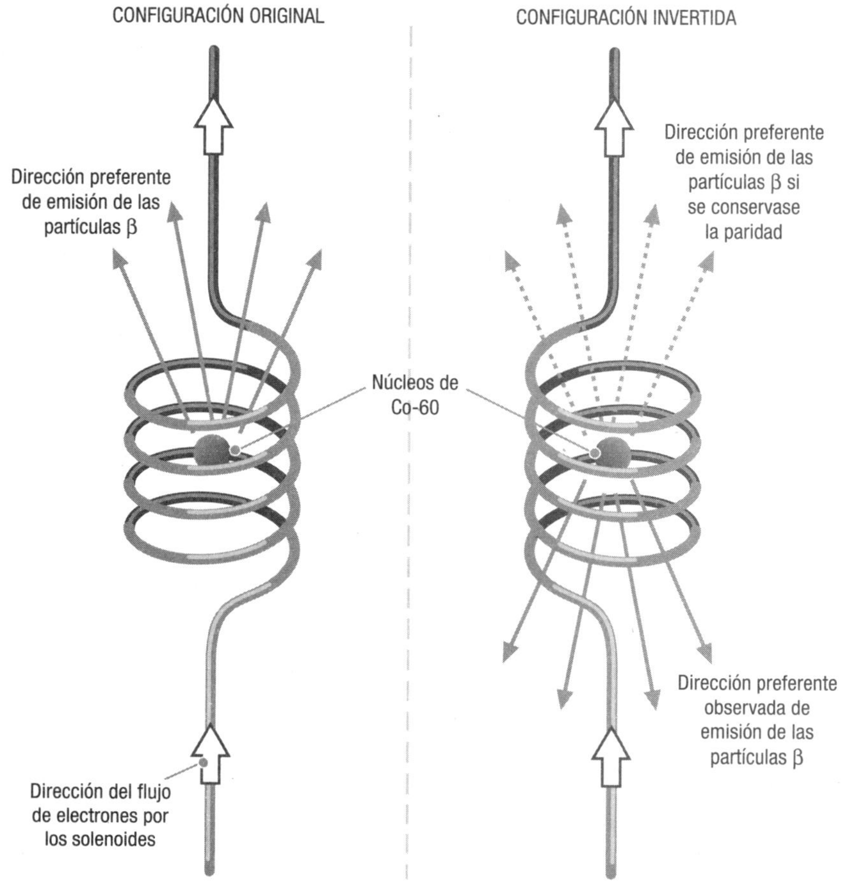

Concepto básico del experimento de Wu. El campo magnético producido por varias espiras de corriente alinea el momento angular de los núcleos de cobalto-60, orientándolos en el sentido de este. En la configuración inicial (izquierda), el campo se dirige hacia abajo, ya que el flujo de electrones produce una intensidad de corriente en dirección opuesta al flujo de los electrones y que, por tanto, circula en el sentido de las agujas del reloj visto desde arriba. En este caso, los electrones (partículas β) emitidos en la desintegración β del cobalto toman la dirección opuesta al campo. En cambio, en la configuración especular de la derecha, la corriente circula por las espiras en sentido opuesto, luego el campo magnético se invierte y los electrones son emitidos en direcciones opuestas a la configuración inicial. Si la paridad se conservase, los electrones se emitirían de manera isótropa en todas las direcciones en ambas configuraciones.

ción electromagnética o fuerte. También se había observado que en la interacción débil no siempre intervienen fermiones, como es el caso de los kaones, cuya vida es la típica de esa interacción y se desintegran en piones. Aunque la teoría de Fermi explica muchos aspectos de la interacción débil, solo es válida a bajas energías y, además, pronto se vio que la estructura de la interacción débil es diferente de la de la interacción electromagnética, como Fermi asumió.

El primero de los neutrinos, ν_e, asociado al electrón, fue descubierto en 1956 por Clyde Cowan y Frederick Reines al analizar la radiación β procedente de un reactor nuclear. En esa época ya había datos suficientes para sospechar que la interacción débil no tiene la estructura de la interacción electromagnética, como asume la teoría de Fermi. Las interacciones electromagnéticas, y también las fuertes, son invariantes ante la paridad P; esto es, el cambio de signo de las variables espaciales. Sin embargo, había indicios de que esa simetría no es respetada en la interacción débil. Este hecho fue confirmado por primera vez en 1956 por Chien-Shiung Wu mediante un ingenioso experimento. A partir de la desintegración β de átomos de cobalto polarizados Wu consiguió demostrar que los electrones producidos salían en una sola dirección, mientras que la distribución de fotones era simétrica. Con ello se comprobó que la interacción débil viola la paridad. Esta propiedad debe de ser incorporada a la estructura de esta interacción. Para ello, el espinor de Dirac f, que representa a cada fermión, se puede separar en dos componentes, f_L y f_R, cada una de las cuales corresponde a la orientación del momento respecto del espín (también denominada *helicidad*). La componente L, levógira o de helicidad negativa, se corresponde con el espín orientado en dirección opuesta al momento, y la R, dextrógira o de helicidad positiva, a la misma orientación. La interacción débil solamente afecta a la componente L del fermión o a la componente R de su antipartícula (recordemos que la antipartícula se mueve en sentido opuesto a la partícula, con lo que el cambio de signo del momento implica también el cambio de helicidad). En el caso de la desintegración β la interacción débil solo afecta a la componente e^-_L y a su antipartícula e^+_R. La componente e^-_R o e^+_L no interviene en la interacción débil. En el caso del neutrino la componente ν_R o $\overline{\nu}_L$ no está incluida en el modelo estándar, ya que no le afecta ninguna de las interacciones de este (solo sería observable para explicar la masa de los neutrinos, como veremos más adelante). Se puede establecer una analogía entre las componentes L y R de los fermiones del ME y las componentes del vector aceleración; la componente tangencial a la trayectoria cambia el valor del módulo de la velocidad, y la normal es responsable de los giros, por lo que la componente tangencial es la única responsable del cambio de energía cinética.

El comportamiento diferenciado de una interacción ante la paridad se denomina *quiralidad*. Esta se puede incorporar a la teoría de Fermi simplemente tomando la componente L de los fermiones. Con ello, la determinación de la constante de Fermi a partir de la vida media de núcleos emisores β resulta equivalente a la obtenida a partir del tiempo de desintegración del muon, a partir de la reacción $\mu^- \rightarrow e^-\overline{\nu}_e\nu_\mu$. En ambos casos se obtiene un valor de $G_F \sim 10^{-5}/m_p^2$ (m_p es la masa del protón). Sin embargo, la teoría de Fermi no es renormalizable como la QED, es decir, los cálculos de orden superior dan lugar a cantidades infinitas que no se pueden evitar mediante una redefinición de las constantes. Ahora bien, la teoría se podría entender como la aproximación de una teoría gauge mediada por un bosón masivo. Esta idea se representa en las figuras 3, 4 y 5; la teoría de Fermi de la desintegración β puede reinterpretarse reemplazando la interacción de cuatro fermiones por interacciones entre dos fermiones mediadas por un bosón de masa M_W que se acopla a cada pareja con una constante g. De este modo, a bajas energías $G_F = \sqrt{2}g^2 / 8M_W^2$, con esta interpretación el bosón cargado W^+ conecta las componentes L de las parejas de leptones (ν_L, l_L) y de los quarks (u_L, d_L). Asumiendo que g es del mismo orden de magnitud que su análoga electromagnética, M_W debe estar en torno a 100 veces la masa del protón. Las teorías gauge permiten asociar los bosones a las simetrías; por tanto, encontrar una apropiada para la interacción débil sería la clave para identificar al W como uno de los bosones gauge asociado a esa simetría.

FIG. 4

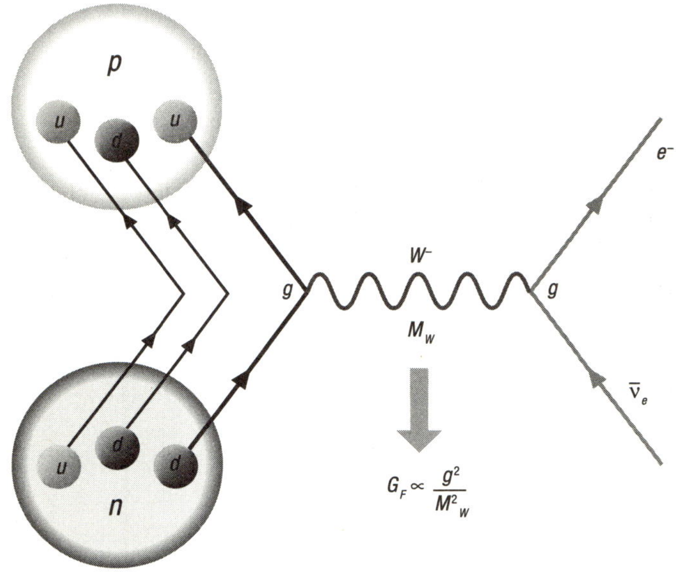

La desintegración β explicada a partir del modelo estándar. El neutrón está formado por dos quarks *d* y un quark *u*. Uno de los quarks *d* se convierte en *u*, emitiendo un bosón W^-, con lo que las partículas resultantes son un protón formado por la combinación de quarks *u*, *u* y *d*, más el par $e^-\bar{\nu}_e$ producido por la mediación del bosón W^-. Se puede observar que la constante de Fermi es equivalente a combinar la constante del acoplamiento *g* de ambos vértices con la masa del bosón *W* intercambiado, $G_F \sim g^2/M_W^2$.

FIG. 5

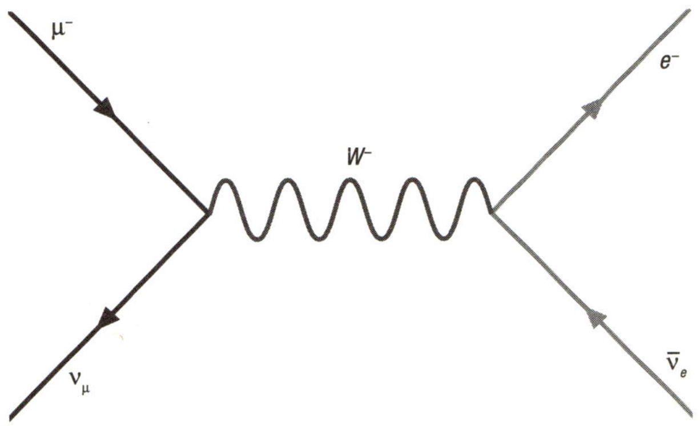

Interpretación de la desintegración del muon, $\mu^- \rightarrow e^-\nu_\mu\bar{\nu}_e$, en el modelo estándar. A partir de las interacciones del diagrama de Feynman se puede observar que el proceso es análogo a la desintegración β.

EL MODELO DE GLASHOW-WEINBERG-SALAM

Puesto que la interacción débil afecta a parejas de partículas con distinta carga es posible pensar en una simetría del tipo $SU(2)$, ya que estas parejas pueden ocupar dobletes, D, de modo que las transformaciones $D \rightarrow U(\alpha_1, \alpha_2, \alpha_3) D$ no afecten a la interacción, donde los parámetros α son los necesarios para expresar una matriz unitaria, U, en un espacio de dos dimensiones. El bosón W^+ y su conjugado W^- estarían asociados a dos de los tres parámetros α; el tercero estaría asociado a un bosón neutro, W_3, del que hablaremos más adelante. Dado que la interacción débil solo afecta a las componentes L de los fermiones, la carga electrodébil, T, se puede asignar de modo que los dobletes del tipo

$$\begin{pmatrix} \nu_L \\ e_L \end{pmatrix}, \begin{pmatrix} u_L \\ d_L \end{pmatrix}$$

tengan $T = 1/2$ con proyecciones $T_3 = 1/2$ (neutrinos y quarks de tipo *up*) y $-1/2$ (leptones cargados y quarks de tipo *down*), mientras que las correspondientes componentes R, e_R, u_R, d_R, se correspondan con singletes con carga electrodébil 0. De este modo, las interacciones de los bosones W con los dobletes se pueden describir por términos de interacción en el lagrangiano del tipo $g\bar{\nu}_L W^+ e_L$, $g\bar{e}_L W^- \nu_L$ para los leptones, y $g\bar{d}_L W^- u_L$, $g\bar{u}_L W^+ d_L$ para los quarks. Esto explicaría la interacción débil como se conocía entonces. Sin embargo, para construir los bosones W^+ y su conjugado W^- solo son precisos dos de los tres parámetros de $SU(2)$, el tercero quedaría libre. Desde la tabla periódica, se sabe que los espacios libres de esta clase suelen estar ocupados por elementos por descubrir. La interacción débil no es una excepción, y este lugar lo ocupa un bosón neutro masivo responsable de las interacciones débiles entre fermiones con la misma carga eléctrica. Este tipo de interacción afectaría a partículas cargadas, como la electromagnética, pero también a los neutrinos, por lo que hacen posible la interacción entre estos, la cual sería descubierta en 1973.

En 1961, S. Glashow propuso el modelo $SU(2)_L \times U(1)_Y$ como una teoría gauge que explicase simultáneamente las interacciones débiles y electromagnéticas. Esta teoría se conoce como el *modelo estándar de la interacción electrodébil*. La explicación de la masa de los bosones a partir del *mecanismo de Higgs* fue introducida posteriormente, en 1967, por Weinberg, y en 1968 por A. Salam, por lo que al modelo se le conoce como el modelo de Glashow-Weinberg-Salam. Como ya se comentó al principio de este capítulo, la explicación de la interacción fuerte mediante el grupo $SU(3)_c$ completa lo que en la actualidad se conoce como el modelo estándar de las interacciones fundamentales.

La simetría $SU(2)_L \times U(1)_Y$ incorpora un bosón neutro adicional de la simetría $U(1)_Y$, al que se denota como B. Esta simetría afecta a ambas componentes L y R de los fermiones, a los que se acopla con una constante g', de modo que la estructura de la interacción es $g' Y \bar{f}_{L/R} B f_{L/R}$, donde con $f_{L/R}$ nos referimos a todos los tipos y componentes de fermiones, y con Y, a la hipercarga que se le asocia a cada uno. El bosón B se combina con el bosón neutro, W_3, del grupo $SU(2)$ que mencionamos antes, para dar lugar a uno sin masa, que se puede identificar con el fotón A de la interacción electromagnética, y a otro masivo, el Z^0. Las cantidades conservadas o cargas correspondientes a esa simetría se asignan de manera análoga a los anteriores usos de esos grupos, al $SU(2)_L$ se le asocia el isospín débil, T, y al grupo $U(1)_Y$ la hipercarga débil Y. La carga eléctrica se relaciona con ambas mediante la relación:

$$Q = T_3 + Y/2.$$

Esta fórmula es completamente análoga a la de Gell-Mann y Nishijima que se mencionó en el capítulo 5. Las cargas a las que nos referimos aquí nada tienen que ver con aquellas, de ahí que se las distinga añadiendo el calificativo «débil». La asignación de estos valores puede verse en la tabla siguiente. Obsérvese que la elección de cargas es tal que la carga eléctrica para los componentes L y R de una misma partícula coinciden.

Leptón	T	T_3	Q	Y
ν_{eL}	1/2	1/2	0	–1
e_L	1/2	–1/2	–1	–1
–	–	–	–	–
e_R	0	0	–1	–2

Quark	T	T_3	Q	Y
u_L	1/2	1/2	2/3	1/3
d_L	1/2	–1/2	–1/3	1/3
u_R	0	0	2/3	4/3
d_R	0	0	–1/3	–2/3

Valores del isospín (*T*) e hipercarga débil (*Y*) de leptones (neutrino y las componentes *L* y *R* del electrón) y quarks más ligeros (up y down, ambos con componentes *L* y *R*). Obsérvese que en el modelo estándar no hay neutrinos *R*.

La composición de los bosones $W^{\pm}$, Z^0 y A implica relaciones entre las constantes de acoplamiento que se pueden determinar experimentalmente. El bosón W^+ y su conjugado el W^- contienen únicamente generadores de $SU(2)_L$. En cambio, Z^0 y A combinan los generadores de ambos grupos: $A = \cos\theta_W B + \operatorname{sen}\theta_W W_3$, $Z_0 = -\operatorname{sen}\theta_W B + \cos\theta_W W_3$. El ángulo θ_W se denomina *ángulo de Weinberg*, y relaciona las constantes g y g' con la carga eléctrica:

$$e = g \operatorname{sen}\theta_W = g' \cos\theta_W.$$

La simetría $SU(2)_L \times U(1)_Y$ no explica las masas de los bosones $W^{\pm}$ y Z^0, ni tampoco las masas de los fermiones. Es más, los términos de masa del tipo $M_W{}^2 W^+ W^-$ y $m_f \bar{f}_L f_R$ violan la simetría. El mecanismo de rotura de la simetría se basa en el llamado mecanismo de Higgs, introducido en 1964 por Robert Brout junto con François Englert e, independientemente, por Peter Higgs, de quien deriva su nombre. También de manera independiente, Weinberg y Salam aplicaron este mecanismo para explicar con éxito la ruptura de la simetría electrodébil, de modo que se explique tanto la masa de los bosones $W^{\pm}$ y Z^0 como la de los quarks, reduciendo la simetría a $U(1)_{em}$, que es la única que se observa a baja energía: $SU(2)_L \times U(1)_Y \rightarrow U(1)_{em}$.

La cámara de burbujas Gargamelle en septiembre de 1970, durante su instalación en el PS (sincrotrón de protones) del CERN. En su periodo operativo (1970-1978) contenía 18 toneladas de gas freón. En ella se registraron los primeros eventos que mostraron que la interacción débil también puede afectar a fermiones de la misma carga (corriente débil neutra). Este descubrimiento, previsto en la teoría de Glashow-Weinberg-Salam, es una de las claves que confirmaron el modelo estándar.

El mecanismo de ruptura de la simetría se basa en la introducción de un campo escalar ϕ, el cual respeta la simetría gauge, y por ello interacciona con los bosones de manera análoga a los fermiones. También interactúa con estos formando ternas $\bar{f}\phi f$. Adicionalmente, puede llevar asociada una energía potencial escalar $V(\phi)$, determinada por potencias del propio campo, compatibles con la simetría, por ejemplo productos del campo por su conjugado $\phi\phi^*$. Este potencial tiene un mínimo que representa el estado fundamental del sistema. Si este estado se corresponde con valores nulos de los campos, la simetría se preserva. En cambio, si alguno de ellos toma un valor no nulo en el mínimo, denominado *vev* (valor esperado en el vacío), $v = <\phi>$, la simetría desaparece total o parcialmente. Los bosones gauge asociados a la simetría que desaparece adquieren masa. Este mecanismo también proporciona las masas para los fermiones a partir de los acoplamientos $\bar{f}\phi f$. Para visualizar el mecanismo de Higgs podemos imaginar que los campos gauge y fermiónicos son el soluto de una disolución cuyo disolvente son los campos escalares de Higgs. Mientras el disolvente está presente la mezcla es simétrica. Sin embargo, cuando el disolvente desaparece el soluto precipita formando grumos o cristales que rompen la simetría original.

En el caso de la teoría de Weinberg-Salam la rotura de simetría debe ser $SU(2)_L \times U(1)_Y \rightarrow U(1)_{em}$. Para conseguirlo se requiere un doblete de bosones de Higgs con isospín débil $T = 1/2$ e hipercarga $Y = 1$,

$$\phi = \begin{pmatrix} \phi^+ \\ \phi^0 \end{pmatrix}.$$

La ruptura deseada de la simetría se logra asumiendo un potencial tal que

$$\langle \phi^+ \rangle = 0 \text{ y } \langle \phi^0 \rangle = \frac{v}{\sqrt{2}}.$$

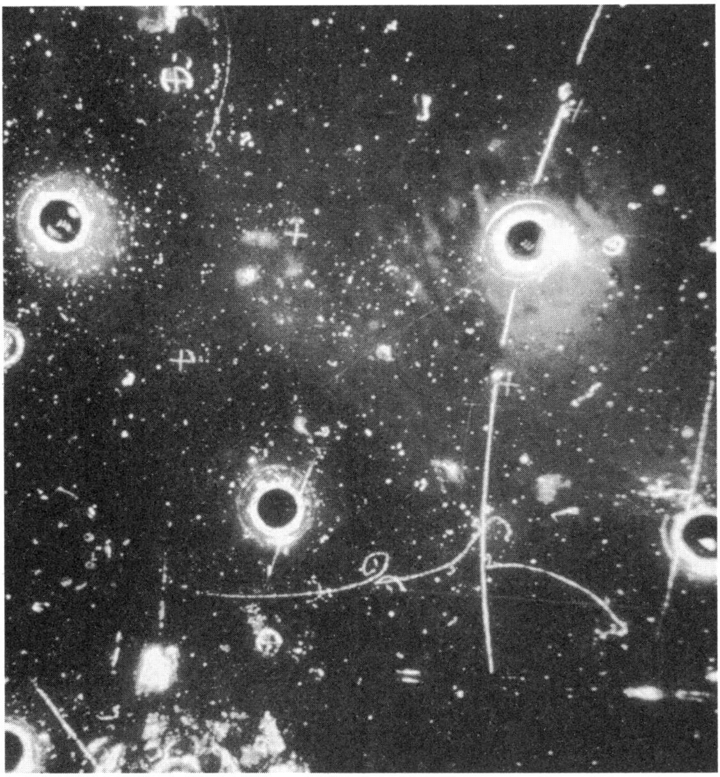

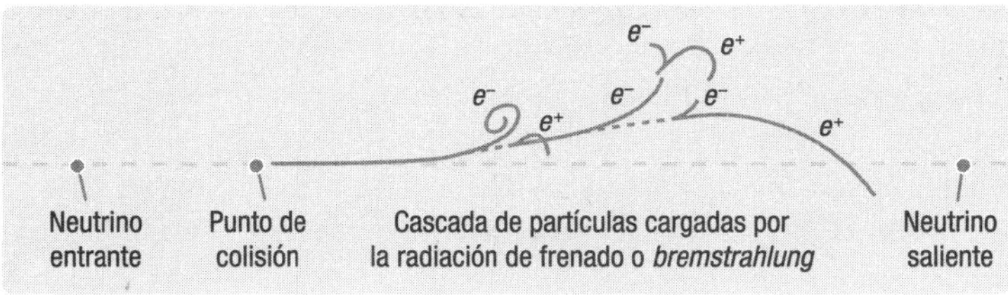

Trayectoria, en la cámara de burbujas Gargamelle, del neutrino que aportó la primera evidencia de las interacciones débiles entre fermiones con la misma carga (corriente débil neutra). El evento corresponde a la línea horizontal, tal como se muestra en el esquema inferior. La trayectoria del neutrino es la más difusa, mientras que las más marcadas corresponden a partículas cargadas. En su recorrido, un neutrino interacciona con un electrón y emerge como un neutrino sin producir un muon como se esperaría en la corriente cargada.

> Cuando el estado básico de una teoría está claro, y todo lo que necesita son detalles, puedes colaborar. Pero si la estructura principal de una hipótesis no está establecida, y quieres cambiar el paradigma, como sucedía en los años sesenta, es mejor trabajar solo.
>
> **Peter Higgs**

Con ello la simetría electromagnética se mantiene, por lo que el fotón queda sin masa y los bosones $W^{\pm}$ y Z^0 adquieren masas, $M_W^2 = g^2v^2/4$ y $M_Z^2 = (g^2 + g'^2)v^2/4$. Puesto que g' y g están relacionadas por el ángulo de Weinberg, ambas masas están relacionadas, $M_W^2 = M_Z^2 \cos^2 \theta_W$. La interacción del bosón de Higgs con los fermiones recibe el nombre de *interacción de Yukawa*, ya que presenta una forma análoga propuesta por este en 1934 para describir la interacción entre nucleones y piones. En el contexto del ME es del tipo $\lambda_f \bar{f} \phi f$, donde λ_f es una constante denominada *acoplamiento de Yukawa*. Tras la ruptura de la simetría electrodébil, las masas de los fermiones se generan a partir de esos términos, de modo que $\lambda_f \bar{f} \phi f \rightarrow m_f \bar{f} f$, donde $m_f = \lambda_f v / \sqrt{2}$. De los componentes del doblete ϕ solo queda uno neutro, al que normalmente se denomina h, cuya masa, m_h, es una función de los parámetros del potencial de Higgs $V(\phi)$. Este es el que normalmente se identifica con el bosón de Higgs y que puede ser detectado en un experimento.

El éxito del modelo de Glashow-Weinberg-Salam está muy relacionado con los descubrimientos del laboratorio europeo CERN. En 1973 se descubrió la corriente neutra débil, a partir de la observación de la dispersión de un neutrino por un hadrón sin producir partículas cargadas, la cual se explica con la mediación del bosón Z^0, como muestra la figura 6. Con esto se consiguió medir el ángulo de Weinberg, tal que $\text{sen}^2\theta_W \sim 0{,}22$, y a partir de este, el valor de las constantes g y g', con lo cual la relación $G_F = \sqrt{2}g^2 / \left(8M_w^{\ 2}\right)$ predice los valores $M_W \sim 80$ GeV y $M_Z \sim 90$ GeV. Una década después, en 1983, en el CERN se alcanzaría la energía para su producción, observándose masas muy similares a las predichas. La masa del Higgs es un problema diferente, porque el mecanismo de rotura de la simetría electrodébil no sirve para predecir su masa. Por ello, ha sido preciso esperar hasta el fun-

FIG. 6

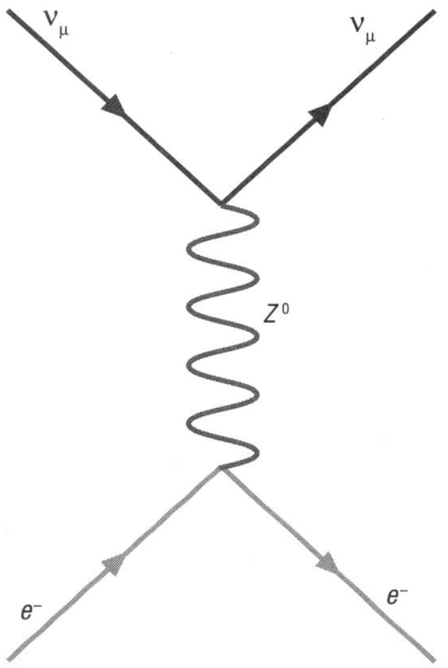

Diagrama de Feynman correspondiente a la interacción débil entre partículas con la misma carga. En este caso, un neutrino muónico interactúa con un electrón intercambiando un bosón Z^0, $\nu_\mu e^- \rightarrow \nu_\mu e^-$; las partículas resultantes son del tipo de las incidentes.

cionamiento del Large Hadron Collider (LHC) del CERN para alcanzar la energía de experimentación adecuada para descubrirlo en 2012. Además, la *renormalizabilidad* de la teoría probada por Gerardus 't Hooft en 1971 asegura que los parámetros de la teoría mantienen un valor finito en todo el espectro de energía.

El éxito del las teorías $SU(2)_L \times U(1)_Y$ para la interacción electrodébil y la $SU(3)_c$ para la interacción fuerte ha sido tal que el nombre de modelo estándar se ha generalizado para incluir las tres interacciones, de manera que el modelo basado en la simetría $SU(3)_c \times SU(2)_L \times U(1)_Y$ recibe el nombre de *modelo estándar de las interacciones fundamentales*. En él no se incluye la gravedad, y hasta ahora no existe una teoría que pueda explicarla como una teoría gauge. Aun así, el modelo estándar ha ido propiciando una explicación para la mayor parte de los descubrimientos de la física de partículas contemporánea. Con la determinación de la masa del Higgs en 2012 el modelo quedó completamente determinado.

CAPÍTULO 7

El modelo estándar completo

El éxito del modelo estándar se basa en que todas las partículas que encajan en su estructura se han ido descubriendo a medida que el avance experimental lo ha permitido: tres generaciones de quarks y leptones, masas de los bosones W y Z^0 con el valor predicho y, finalmente, el descubrimiento, en 2012, del hipotético bosón de Higgs.

En capítulos anteriores hemos introducido los fermiones, que constituyen los bloques elementales de la materia, así como los bosones, que explican las fuerzas entre estos. La materia que nos rodea la podemos explicar con una primera generación de fermiones formada por el electrón y su neutrino junto con la pareja de quarks up y down. Ambos quarks forman los nucleones, que con los electrones constituyen los átomos neutros. En cuanto a los bosones, los gluones son responsables de la formación de los núcleos atómicos y los fotones de la fuerza electromagnética, mientras que el W se manifiesta en la desintegración β de los núcleos liberando al neutrino. Por tanto, el ME contiene los ingredientes para explicar las partículas de nuestro entorno y sus interacciones.

La denominación de «modelo estándar» se refería inicialmente al modelo de la interacción electrodébil, basado en la simetría $SU(2)_L \times U(1)_Y$. El éxito de la explicación de la interacción fuerte a partir de $SU(3)_C$ ha completado el modelo de modo que las tres simetrías componen la definición moderna del ME de las interacciones fundamentales, el cual se representa por el producto de las tres simetrías gauge $SU(3)_C \times SU(2)_L \times U(1)_Y$. Sería deseable incluir una cuarta que explicase también la gravedad. Sin embargo, aún no se ha conseguido encontrar una simetría *gauge* que lo haga. En cada una de estas simetrías podemos colocar la materia que conocemos. Por un lado, cada quark aparece en tres colores, que forman un triplete de $SU(3)_C$. Los quarks up con carga 2/3 y down con carga –1/3 forman un doblete de $SU(2)_L$, así como también lo forman los quarks charm y strange y los quarks top y bottom. Por su parte, los leptones forman un doblete de $SU(2)_L$ de neutrino y electrón, y al no tener color, no les afecta la simetría $SU(3)_C$, es decir, no sienten la interacción fuerte. Desde el establecimiento del modelo completo, en la década de 1970, hasta el descubrimiento del bosón de Higgs en 2012, todas las partículas descubiertas encajan en él. Los fermiones elementales que han aparecido son de masas superiores a los que forman la primera generación y encajan en dos réplicas de esta, de modo que todos los fermiones del ME están contenidos en tres generaciones o familias.

Esto no implica que el ME sea la teoría definitiva que explique toda la física de partículas. Hay observaciones como la oscilación de sabor de los neutrinos cuya explicación requiere de pequeñas masas para estos que el ME no puede explicar. Tampoco ninguna de las partículas del ME tiene las características necesarias para componer la *materia oscura* del universo, hacia cuya existencia apuntan una gran cantidad de observaciones cosmológicas y astrofísicas.

La lista de partículas del ME (figura 1) se ha ido completando a modo de tabla periódica; su último hueco fue ocupado en 2012 con la identificación del bosón de Higgs.

LOS LEPTONES Y LAS TRES GENERACIONES DE FERMIONES DEL ME

Los leptones están integrados por fermiones que no sufren interacción fuerte y por tanto no se fusionan entre ellos para formar otras partículas; cada generación contiene uno cargado y su correspondiente neutrino. De los leptones cargados, el electrón

FIG. 1

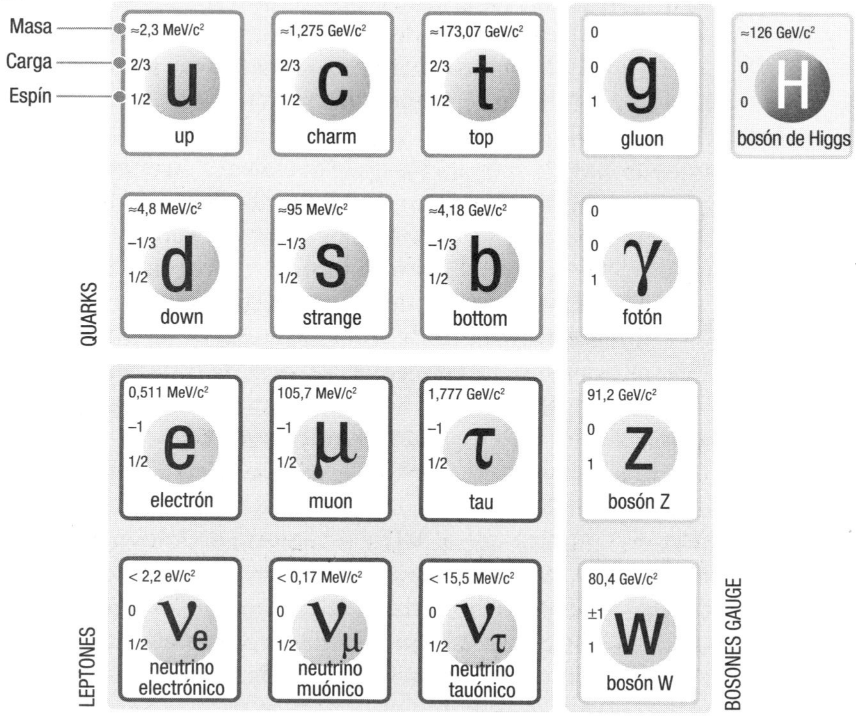

Las partículas del modelo estándar: los números de la izquierda representan su masa, carga eléctrica y espín. Cada columna de fermiones de espín 1/2 representa una generación, los quarks pueden aparecer en tres colores mientras que los leptones no tienen color. Los bosones gauge, de espín 1, son los responsables de las interacciones, los gluones de la fuerte (son 8, aunque se representen en una sola casilla); el fotón, γ, de la electromagnética; el Z^0 (casilla Z), el W^+ y el W^- (representados ambos en la casilla *W*) de la débil. El bosón de Higgs es de espín 0 y es el responsable de la rotura de la simetría electrodébil.

ya fue introducido en el primer capítulo como el primer ladrillo identificado del ME. El electrón es estable, mientras que los leptones cargados de la segunda y la tercera generación, el muon y el tau, respectivamente, se descomponen con rapidez en partículas más ligeras.

El muon, del que ya hablamos en el capítulo 3, apareció en los rayos cósmicos, y llegó a nosotros como un auténtico viajero del tiempo, tanto por la dilatación relativista de su vida media, que hace posible que alcance la superficie terrestre, como por haber llegado veinte años antes de que la física comprendiese su verdadero lugar. Es famosa la frase de Isidor Rabi, premio Nobel de Física en 1944, en la que se refiere al muon diciendo: «¿Quién ha pedido esto?». Aunque en principio se pensó que podría ser el mesón de la teoría de Yukawa, pronto se vio que no servía para explicar la interacción fuerte, ya que no participa en ella. Con el descubrimiento del mesón π o pion, el cual tiene las características de la partícula de Yukawa, el muon volvió a reaparecer inesperadamente. Con los conocimientos de la época, la desintegración del π^+ debería ser del tipo β^+, es decir, $\pi^+ \rightarrow e^+ + \nu_e$, y en cambio se encontró que es $\pi^+ \rightarrow \mu^+ + \nu_\mu$. Por tanto, diez años después de su descubrimiento, el muon volvió a despertar la perplejidad de los teóricos, no muy acostumbrados a imprevistos. M. Gell-Mann y E.P. Rosenbaum, en un artículo conjunto, se refirieron al muon como «un bebé no deseado abandonado en la puerta, cuya presencia significa el fin de la inocencia». Aún en la actualidad el muon sigue estando en la vanguardia de la física por explicar, ya que parece haber una discrepancia en la medida de su momento angular magnético y la predicción teórica para este, la cual se puede atribuir a contribuciones de física todavía por descubrir.

El tercero de los leptones cargados, el tau, τ, recibe precisamente el nombre del griego τριτον, «tritón», que significa tercero. Los τ fueron producidos por primera vez a partir de colisiones e^+e^- en los experimentos realizados en la instalación SLAC-LBL bajo la dirección de Martin L. Perl. La primera evidencia de su descubrimiento fue publicada en 1975.

Los neutrinos son sin duda las partículas más intrigantes del ME. Su existencia fue postulada por primera vez en 1930 por Wolfgang Pauli para justificar la aparente no conservación de la energía en la desintegración beta. No tienen carga y aun así su espín es 1/2, al igual que el de los otros leptones, con lo cual la idea de asociar el espín al giro de una partícula cargada sobre sí misma, en el caso del neutrino, no tiene mucho sentido. Por otro lado, el ME no prevé masa para los neutrinos. Aunque hay indicios de que sus masas no son nulas, estas son muchos órdenes de magnitud inferiores a la del electrón y deben ser explicadas por otras teorías. A pesar de todo, los neutrinos se detectan a partir de haces de leptones cargados y su correspondiente neutrino, producidos conjuntamente en desintegraciones débiles de hadrones. Tras hacer pasar uno de estos haces por el blindaje adecuado, las partículas cargadas no lo atraviesan y solo quedan en él los «invisibles» neutrinos, que son estables. Cuando los neutrinos resultantes inciden sobre un blanco, producen su correspondiente leptón cargado que es observable. La detección de cada neutrino es representativa de las posibilidades tecnológicas de la investigación en distintas épocas. Como ya vimos, el ν_e fue detectado en 1953 a partir de un haz e^--ν_e procedente de un reactor nuclear. El ν_μ, por su parte, se obtuvo a partir de un haz μ-ν_μ obtenido a partir de la desintegración de piones. Este descubrimiento tuvo lugar en 1962 en un experimento dirigido por Leon Lederman, Melvin Schwartz y Jack Steinberger, en el cual el haz de piones fue producido a partir de protones acelerados hasta 30 GeV en el *Alternating Gradient Synchrotron* (AGS) del Laboratorio Nacional de Brookhaven (BNL), en Estados Unidos. El ν_τ es el último fermión descubierto del ME, y aunque su presencia ya era conocida de modo indirecto, el anuncio de su detección directa no se produjo hasta el año 2000. En este caso se partió de un haz de protones de 800 GeV producido en el Tevatron del Fermilab, en Estados Unidos. Fue descubierto por la colaboración DONUT *(Direct Observation of the Nu Tau)*, de cuyo nombre se deduce que el hallazgo no fue inesperado, todo lo contrario de lo que ocurrió con el descubrimiento del primer leptón no atómico, el muon. El anuncio se basó en apenas cuatro eventos bien diferenciados sobre el fondo.

Creo que los físicos son los Peter Pan de la raza humana. Nunca crecen y mantienen su curiosidad.

Isidor Rabi

A cada pareja de leptones se le asigna un sabor leptónico, L_e, L_μ y L_τ, que contrariamente a lo que sucede con los quarks, se conserva. Esto ha permitido la identificación unívoca de cada neutrino, ya que solo lo produce su correspondiente leptón cargado. Pero ello también implica la prohibición de procesos del tipo $\mu \rightarrow e\,\gamma$. Sin embargo, las oscilaciones de sabor de los neutrinos requieren de la violación de estos números, por lo que no pueden ser explicadas por el ME.

EL SABOR DE LOS QUARKS

En el capítulo 5 vimos cómo la distribución de los quarks de distintos sabores en los hadrones condujo a postular su existencia. Sin embargo, el sabor no interviene en ninguna interacción fundamental, por lo que no está asociado a una simetría gauge, como es el caso del color. Para explicar la materia que nos rodea, formada por átomos, basta con dos quarks: el up de carga 2/3 y el down de carga −1/3, que pueden ser de tres colores diferentes y forman la primera generación. El resto de sabores son otras dos réplicas de ambos, de modo que existen tres parejas de quarks, las cuales corresponden a tres generaciones de tal modo que cada una es más pesada que la anterior.

Como ya se ha mencionado, la interacción débil respeta el sabor leptónico, de forma que cada neutrino interactúa únicamente con su correspondiente leptón cargado. No obstante, en el caso de los quarks, la interacción débil no respeta el sabor. Esto está relacionado con la no conservación de la extrañeza que vimos en el capítulo 5. Las transiciones que no la conservan están suprimidas respecto de las que sí lo hacen. En 1963, Nicola Cabibbo propuso la mezcla de sabores de quarks para explicar la situación. De este modo, un quark u interactúa débilmente con una mezcla de los quarks d y s, que podemos llamar $d' = \cos\theta_c d + \mathrm{sen}\,\theta_c s$, por lo que las desintegraciones $u \rightarrow d$ conservan extrañeza y su amplitud es proporcional a $G_F \cos^2 \theta_c$, mientras que las transiciones $u \rightarrow s$ no la conservan y su amplitud es proporcional a $G_F\,\mathrm{sen}^2\theta_c$, donde G_F es la constante de Fermi y el ángulo θ_c se denomina *ángulo de Cabibbo*, cuyo valor es de aproximadamente 13 grados. El valor de θ_c se puede medir a partir de desintegraciones como la débil del pion y el kaón.

Con solo tres quarks, la interacción débil queda incompleta. Por ejemplo, la predicción para procesos como la desintegración $k^0 \to \mu^+\mu^-$ es excesivamente grande. Un cuarto quark, al que denominamos c, de carga +2/3, podría servir de pareja al quark s de modo que su interacción débil podría también mezclar los sabores d y s. Asumiendo una mezcla de sabores en un quark $s' = -\text{sen}\,\theta_c\, d + \cos\theta_c\, s$, la mediación del nuevo quark c reduciría la predicción de la desintegración anterior a un valor compatible con el observado. Este fue el razonamiento seguido por Sheldon Glashow, John Iliopoulos y Luciano Maiani, en 1970, para postular la existencia de ese quark llamado *charm* (encanto) cuya medición en ese proceso produce una cancelación denominada *mecanismo GIM* (por las iniciales de sus autores). El charm fue descubierto en 1974 a partir de un mesón que tiene un nombre doble por haber sido descubierto por dos grupos simultáneamente, el del SLAC liderado por Burton Richter, que lo llamó ψ, y el del BNL liderado por Samuel Ting, que lo llamó J. Al apreciar que se trataba de un mismo mesón de composición $c\bar{c}$, se le dio el nombre conjunto de J/ψ. Con el descubrimiento de este mesón quedó consolidado el ME de dos generaciones: los leptones con las parejas (e, ν_e), (μ, ν_μ) y los quarks (u, d), (c, s).

La mezcla de los quarks d y s, observada en la interacción débil, se consigue a partir de una rotación cuyo único parámetro es el ángulo de Cabibbo. Sin embargo, para explicar la mezcla de los kaones neutros, donde se violan simultáneamente la combinación de las simetrías C y P (conjugación de la carga y la paridad), se precisa una fase compleja. En 1973, Makoto Kobayashi y Toshihide Maskawa observaron que esto podría conseguirse si en la mezcla de sabores interviniese un tercer quark, ya que para conseguir combinar los tres sabores son precisos cuatro parámetros independientes, tres ángulos y una fase compleja. El primero de los ángulos sería el de Cabibbo, que se combinaría con el resto de parámetros para formar una matriz 3×3 que recibe el nombre de *CKM* en honor a sus tres autores. Con esta motivación comenzó la búsqueda de la tercera generación de quarks. El de tipo down, conocido como b, por *bottom* (debajo), se descubrió en el Fermilab en 1977 gracias a un grupo liderado por Leon M. Lederman (al que ya nos hemos referido en relación al descubrimiento del ν_μ). El de tipo up se le conoce como *top* (encima) y requirió

> Llamamos «quark encanto» al nuevo quark (el cuarto) porque estábamos encantados y fascinados por la simetría que traía al mundo subnuclear.
>
> SHELDON GLASHOW

de un gran avance experimental para ser descubierto. Esto se consiguió en 1995, en los experimentos CDF y D0 en el Fermilab. La elevada masa del top, en torno a los 173 GeV, frente a los 4,2 del bottom, explica la diferencia de tiempo entre sus respectivos descubrimientos. También hay una gran diferencia entre el tipo de colaboración que se ocupó de la búsqueda de uno y otro: la publicación del descubrimiento del bottom en *Physical Review Letters*, en 1977, está firmada por 16 autores pertenecientes a tres instituciones, mientras que la CDF, en la misma revista, en 1995, la firman 436 autores de 36 instituciones. Aunque los nombres de los quarks *bottom* y *top* coexistieron con los de *beauty* (belleza) y *truth* (verdad) para los quarks b y t, estos últimos no han prevalecido.

LOS BOSONES GAUGE Y EL BOSÓN DE HIGGS

Como vimos en el capítulo anterior, las interacciones del ME se explican a partir del intercambio de los bosones *gauge*. La simetría $SU(3)_C$ está mediada por gluones que fueron descubiertos en la década de 1970. La interacción electrodébil, originalmente unificada con la simetría $SU(2)_L \times U(1)_Y$, aparece rota a las energías de experimentación; como remanente queda la simetría $U(1)_{em}$, cuyo bosón *gauge* es el fotón, del que llevamos hablando desde el capítulo 2. Los otros tres bosones gauge, W^+, W^- y Z^0, adquieren masas como consecuencia de la rotura de la simetría. Estas masas quedan predichas a partir de la determinación del ángulo de Weinberg, lo cual fue posible gracias al descubrimiento de las *corrientes débiles neutras* en 1973. Lo único que faltaba para su determinación era construir un acelerador capaz de alcanzar la energía correspondiente a esas masas (en torno a los 80-90 GeV), y el SPS *(Super Proton Synchrotron)* del CERN sería la máquina adecuada para este propósito. Una vez alcanzada la energía necesaria, fueron descubiertos en 1983 en los experimentos UA1 y

UA2, estando sus masas dentro de los valores que se esperaban encontrar y que aparecen en la figura 1. El descubrimiento del quark top es posterior, debido a que su masa es más del doble de la de los bosones *W*.

El descubrimiento del bosón de Higgs en 2012 completa la lista de las partículas del ME. Aunque este bosón se convierte en masivo con la rotura de la simetría electrodébil, el ME no predice su masa como era el caso de la de los bosones gauge. Por otro lado, aun cuando se han hecho experimentos con energías superiores a la suya, por ejemplo la del quark top, el problema para su detección es su baja tasa de producción. En las colisiones protón-antiprotón la probabilidad de producirla es de 1 por cada 10000 millones, por lo que se requiere un acelerador con una altísima capacidad para producir colisiones o *luminosidad*. Esto no se ha conseguido hasta la puesta en funcionamiento del LHC del CERN. En los canales de desintegración del bosón de Higgs aparecen las partículas a las que da masa, como son los bosones gauge y pares de fermión-antifermión.

Si en el caso del descubrimiento del top ya se mencionaba la magnitud de la colaboración, en el caso del bosón de Higgs esta es aún mayor. Además de la construcción y operación del experimento, se requiere una gran capacidad computacional para analizar todos los datos, para lo cual ha sido necesaria una red de computación con 170 centros distribuidos en 36 países.

MÁS ALLÁ DEL MODELO ESTÁNDAR

El ME parece una teoría completa. Aun así, para encontrar todos sus componentes se ha requerido alcanzar unas energías altísimas, las cuales recrean las condiciones del universo a los pocos segundos de su inicio con el Big Bang. En este contexto, el ME parece la aproximación de baja energía de una teoría más básica que explicaría su formación a partir de principios más elementales, cuyos vestigios aparecen a energías más altas. Un ejemplo serían las teorías de gran unificación, en las cuales las simetrías del ME se formarían a partir de la rotura

EL CERN, LA ORGANIZACIÓN EUROPEA PARA LA INVESTIGACIÓN NUCLEAR

El CERN es un laboratorio situado en la frontera franco-suiza, cerca de Ginebra, y por su magnitud y relevancia constituye una referencia mundial en la investigación en física de partículas. El CERN fue creado en 1954 por un consorcio de países, y en la actualidad cuenta con veintiún estados miembros. Su nombre es un acrónimo del francés *Conseil Européen pour la Recherche Nucléaire* (Consejo Europeo para la Investigación Nuclear). Aunque la palabra «nuclear» se mantenga en su denominación, el CERN es un centro de aceleradores y detectores para la investigación en todos los ámbitos de la física de partículas.

Un gran historial

Varios de los experimentos realizados en el CERN han sido decisivos en el desarrollo del modelo estándar:

— 1973: descubrimiento de las corrientes neutras débiles en la cámara de burbujas Gargamelle. Su existencia muestra que hay interacciones débiles entre fermiones con la misma carga, lo que confirma la mediación por una partícula neutra (el bosón Z^0), como predice el modelo de Glashow-Weinberg-Salam.

— 1983: descubrimiento de los bosones W y Z^0 en los experimentos UA1 y UA2, realizados con el supersincrotrón de protones (SPS). Las masas de estos bosones encajaban en las predicciones del ME.

— 1989: los estudios del bosón Z^0, realizados en el Large Electron-Positron Collider (LEP), permitieron concluir que no hay más de tres generaciones de neutrinos ligeros.

— 1999: descubrimiento directo de la violación de la simetría CP.

— 2012: descubrimiento de un bosón cuyas características encajan con las del bosón de Higgs.

Una de las máquinas más sofisticadas creadas por el ser humano pertenece al CERN: se trata del detector de partículas CMS. Unos 2 500 científicos e ingenieros participaron en su construcción, que se prolongó por espacio de veinte años.

La cuna de la WWW

La investigación desarrollada en el CERN tiene implicaciones más allá de la física de partículas, ya que se sitúa en la vanguardia de la ingeniería y la informática. En este último aspecto se puede señalar que el comienzo de la red mundial World Wide Web se produjo en este laboratorio, a partir del proyecto ENQUIRE, iniciado por Tim Berners-Lee y Robert Cailliau en el año 1989.

de una única simetría. Esta teoría, además de explicar el origen del ME, podría hacer lo propio con algunos de los puntos menos atractivos de este, tales como la correcta predicción de la masa del Higgs y los problemas para los que el ME no tiene respuesta, como el de la materia oscura y el del cambio de sabor leptónico de los neutrinos, que mencionaremos a continuación.

La materia oscura es un tipo de materia que no interactúa lo suficiente con las partículas del ME como para ser detectada. Inicialmente fue introducida para explicar la discrepancia entre la masa visible de algunos objetos cósmicos y la que sería necesaria para comprender los efectos de su gravedad. Uno de los ejemplos más claros de su presencia son las curvas de rotación de los brazos de las galaxias espirales, cuya velocidad es mucho mayor que la que corresponde a su materia visible. Según análisis basados en la observación de la *radiación del fondo cósmico de microondas* (el eco que proviene del universo primitivo), la materia oscura corresponde a un 27% del balance energético del universo, mientras que la materia explicada por el ME solo es el 5% (el resto corresponde a *energía oscura*). Ninguna de las partículas del ME podría explicar la materia oscura, ya que su perfil es el de una partícula neutra y pesada, únicamente sensible a la interacción débil. El neutrino sería un candidato, sin embargo el ME no le asigna masa y la que se puede atribuir a estas partículas en otros modelos es tan pequeña que no sería suficiente. Algunas extensiones del ME, como los modelos *supersimétricos*, ofrecen un buen candidato para la materia oscura y, además, incorporan una explicación para la rotura de la simetría electrodébil. Este tipo de modelos han sido muy estudiados porque, adicionalmente, predicen una pareja supersimétrica por cada partícula del ME, las cuales podrían detectarse en el LHC.

La observación de la oscilación o cambio de sabor de los neutrinos es una de las más sólidas de un fenómeno para el que el ME no tiene explicación. Esta oscilación de sabor tiene lugar cuando los neutrinos atraviesan un medio material, de modo que se observa un déficit en los que salen respecto de los incidentes. Por ejemplo, los neutrinos de tipo ν_e producidos en el Sol (neutrinos solares) cambian de sabor antes de dirigirse a la Tierra al atravesar parte

EL LARGE HADRON COLLIDER (LHC)

En el LHC (*Large Hadron Collider*, o Gran Colisionador de Hadrones) se estudian colisiones protón-antiprotón. Los protones y sus antipartículas pueden acelerarse hasta 7 TeV/c^2, por lo que en la colisión se alcanzará una energía máxima de 14 TeV/c^2. Para el estudio de estas colisiones se dispone de varios detectores; los principales son los destinados a investigación general: ATLAS *(A Toroidal LHC Apparatus)* y CMS *(Compact Muon Solenoid)*. Además, hay otros destinados a investigación específica, como ALICE *(A Large Ion Collider Experiment)*, que estudia colisiones de iones pesados, y LHC-b, que se especializa en el quark *b* (*bottom* o *beauty*).

Varios aceleradores en uno

En la figura se indica la secuencia de aceleración de las partículas en el LHC. El proceso se inicia con un acelerador lineal: el LINAC2 acelera protones (p) hasta 50 MeV y el LINAC3 iones pesados (Pb) hasta 4,2 MeV/nucleón. El sincrotrón de protones (PS) acelera los protones hasta 20 GeV, desde donde pasan al supersincrotrón de protones (SPS) de 2 km, donde son acelerados hasta 450 GeV. En el túnel del LHC, de 27 km, se aceleran los protones hasta la energía de experimentación, la cual alcanzará hasta los 7 TeV.

El descubridor del Higgs

El LHC ha sido la máquina adecuada para llegar a la última partícula del ME que faltaba por descubrir: el bosón de Higgs. En 2012, los experimentos ATLAS y CMS anunciaron el descubrimiento de una partícula con una masa aproximada de 126 GeV, con las características del bosón de Higgs. Con este descubrimiento quedan determinados todos los parámetros del ME. Sin embargo, este no ha sido el único del LHC relacionado con el ME: en julio de 2015, el experimento LHC-b anunció el hallazgo de una partícula formada por 5 quarks. Este tipo de estructuras confirma la teoría del color ya que, además de los mesones, formados por parejas $q\bar{q}$, y los bariones, formados por ternas qqq, las agrupaciones del tipo $qqqq\bar{q}$ pueden formar partículas sin color, aunque nunca habían sido vistas. La partícula encontrada contiene la combinación $uc\bar{c}ud$ y se denomina P_c^+.

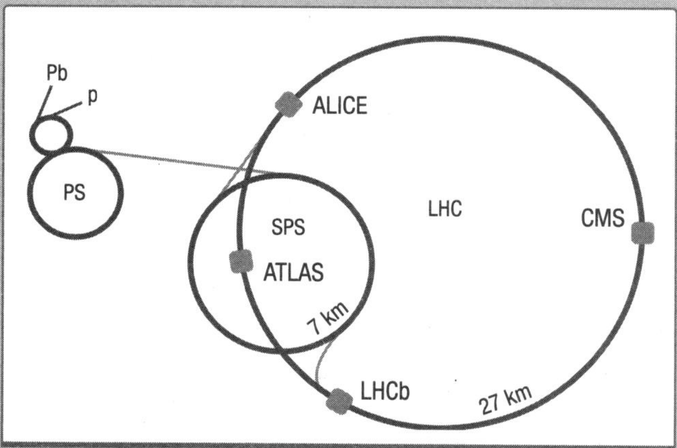

de la masa solar. El flujo de neutrinos del tipo ν_μ, producidos en la atmósfera terrestre por desintegración de muones (neutrinos atmosféricos), es distinto si estos llegan directamente desde la atmósfera o después de atravesar la masa terrestre. Este fenómeno se explica si los neutrinos poseen unas masas muy pequeñas (inferiores al eV), para las que el ME no tiene explicación. Son muy interesantes los modelos en los que los neutrinos adquieren masa por mecanismos relacionados con la formación de los bariones *(bariogénesis)*, porque con ello se puede buscar un esclarecimiento de por qué la cantidad de materia (bariones) domina sobre la de antimateria (antibariones), en lugar de observarse una distribución equitativa (problema de la asimetría bariónica del universo).

A pesar de sus limitaciones, el ME es una herramienta básica para el avance de la física actual, como hace cien años lo fue el electromagnetismo. Las partículas e interacciones del ME fueron descubiertas gracias a nuestro dominio de la teoría electromagnética, la cual permitió identificar sus manifestaciones experimentales. Del mismo modo, para la física del siglo XXI podemos aplicar el ME para identificar trazas de nuevos fenómenos, cuya búsqueda ha motivado la construcción del LHC y los proyectos de futuros aceleradores, como el *Compact Linear Collider* (CLIC) o el *International Linear Collider* (ILC). Estos aceleradores serán de tipo lineal, con longitudes de decenas de kilómetros; en ellos se espera hacer una investigación complementaria a la del LHC. Por otro lado, el ME supone un gran avance en nuestra comprensión del universo. Aunque no podamos hallar en él un candidato para la enigmática materia oscura, esta podrá ser identificada gracias a su interacción con detectores terrestres, y podrá ser interpretada gracias al ME.

LECTURAS RECOMENDADAS

Casas, A., *El lado oscuro del universo*, Madrid, CSIC/Los Libros de la Catarata, 2010.

Casas, A. y Rodrigo, T., *El bosón de Higgs*, Madrid, CSIC/Los Libros de la Catarata, 2010.

Close, F., *Neutrino. La partícula fantasma*, Barcelona, RBA, 2012.

Feynman, R.P., *Electrodinámica cuántica*, Madrid, Alianza Editorial, 2004.

Fritzsch, H., *Los quarks, la materia prima de nuestro universo*, Madrid, Alianza Editorial, 1994.

Giudice, G.F., *Odisea en el zeptoespacio*, Sevilla, Jot Down Books, 2013.

Gribbin, J., *En busca de Susy. Supersimetría, cuerdas y la teoría del todo*, Barcelona, Crítica, 2010.

Hooft, G., *Partículas elementales: En busca de las estructuras más pequeñas del universo*, Barcelona, Planeta, 2013.

Lederman, L. y Teresi, D., *La partícula divina: si el universo es la respuesta, ¿cuál es la pregunta?*, Barcelona, Crítica, 2007.

Randall, L., *El descubrimiento del Higgs. Una partícula muy especial*, Barcelona, Acantilado, 2012.

Sánchez, J.M., *El mundo después de la revolución: La física de la segunda mitad del siglo xx*, Barcelona, Pasado & Presente, 2014.

Weinberg, S., *El sueño de una teoría final: La búsqueda de las leyes fundamentales de la naturaleza*, Barcelona, Crítica, 2010.

—: *Los tres primeros minutos del universo*, Madrid, Alianza Editorial, 2009.

—: *Partículas subatómicas*, Barcelona, Prensa Científica S.A., 1985.

Yndurain, F., *Electrones, neutrinos y quarks*, Barcelona, Crítica, 2006.

ÍNDICE